MANUEL

DU CONSTRUCTEUR

DE CHEMINS DE FER.

IMPRIMERIE ET FONDERIE DE FAIN,

Rue Racine, n°. 4.

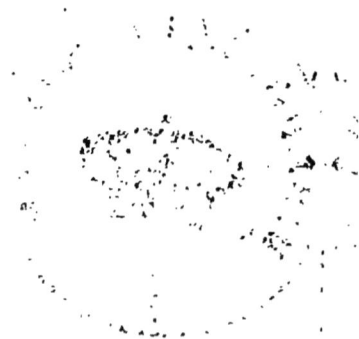

MANUEL

DU CONSTRUCTEUR

DE CHEMINS DE FER,

OU

ESSAI SUR LES PRINCIPES GÉNÉRAUX DE L'ART DE CONSTRUIRE LES CHEMINS DE FER;

PAR M. ED. BIOT,

L'UN DES GÉRANS DES TRAVAUX D'EXÉCUTION DU CHEMIN DE FER DE SAINT-ÉTIENNE A LYON.

PARIS,

A LA LIBRAIRIE ENCYCLOPÉDIQUE DE RORET,

RUE HAUTEFEUILLE, Nº 10 BIS.

—

1834.

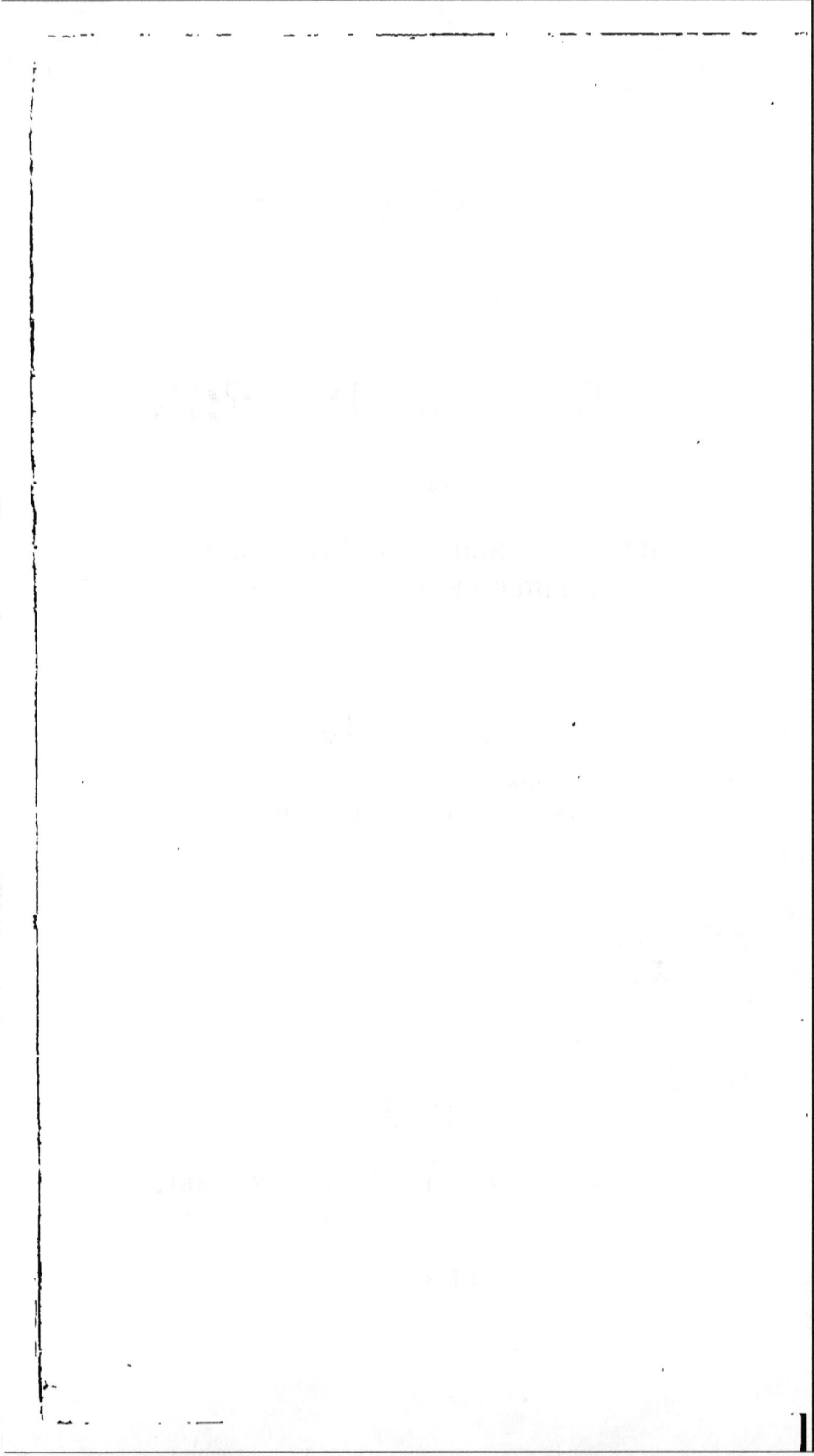

PRÉFACE.

Depuis quelques années, plusieurs chemins de fer, établis en France, ont constaté l'utilité de ce nouveau genre de communication, et aujourd'hui, d'après les résultats de ce premier essai, on propose de réunir par des chemins de fer très-étendus les principales villes de France. Pour étudier ces grands projets, des fonds spéciaux ont été alloués par les Chambres, et déjà les journaux ont discuté l'influence future de ces lignes immenses sur la circulation générale des individus et des matières vendables, entre les divers centres de l'industrie française.

Ces discussions, généralement basées sur des renseignemens inexacts, forment à peu près les seuls documens que le public ait pu consulter pour s'éclairer sur le fond de la question et sur l'utilité absolue de ces grands travaux ; car il n'existe en

France aucun ouvrage pratique sur les chemins de fer, aucun ouvrage qui montre, d'après les exemples actuels, les avantages et les inconvéniens de ce nouveau mode de transport, et qui indique en même temps les principaux perfectionnemens que lui promet l'avenir.

Le traité de M. Tredgold, publié en 1824 et traduit en français quelques années après sa publication en Angleterre, est aujourd'hui beaucoup trop en arrière des perfectionnemens introduits dans l'art de construire les chemins de fer. D'ailleurs M. Tredgold, n'ayant jamais surveillé l'exécution d'aucune entreprise de ce genre, s'est presque borné à des considérations générales.

En 1825, un traité sur les chemins de fer a été publié par M. Wood, inspecteur de la mine de Killingworth, qui est située aux environs de Newcastle. M. Wood y a présenté les résultats d'une série d'expériences curieuses, entreprises par lui sur les chemins de fer des exploitations dont il se trouvait rapproché, et il a déterminé ainsi la valeur de la résistance opposée à la traction des chariots, la résistance produite par le frottement des grands câbles des plans inclinés, etc. Mais les progrès rapides de l'art de construire les chemins de fer devancèrent bientôt l'ouvrage de M. Wood, et à la deuxième édition, qui suivit l'ouverture du chemin de Liverpool à Manchester, l'auteur dut faire de considérables additions, qu'il augmenta encore à la troisième édition; de sorte que cet ouvrage, devenu très-volumineux, peut être considéré aujourd'hui comme l'histoire détaillée des chemins de fer et de tous les essais plus on moins heureux tentés depuis leur origine. Mais d'après son prix, qui s'élève à 25 francs en Angleterre, une traduction de cet ouvrage n'aurait probablement en France qu'un petit nombre de lecteurs.

Tracer en peu de mots l'histoire des essais tentés dans les divers détails qu'embrasse l'exécution complète d'un chemin de fer; fixer les principes généraux qui doivent guider dans une entreprise de cette nature; décrire l'état actuel de cet art nouveau, en indiquant les procédés qui ont déjà été consacrés par l'expérience, et les points spéciaux vers lesquels doivent se diriger les perfectionnemens , tel est le but que je me suis proposé dans ce petit ouvrage. L'étude pratique que j'ai faite dans ces dernières années, du sujet que j'ai traité, me permet d'espérer que mon travail pourra être utile à deux classes de personnes : d'une part, aux capitalistes qui voudront placer leurs fonds dans des entreprises de ce genre , et qui trouveront ici l'exposition des avantages et des inconvéniens attachés à ce système de communication ; et, de l'autre, aux ingénieurs et conducteurs de travaux qui voudront se former une idée exacte de l'état actuel de l'art de construire les chemins de fer.

Il existe deux points de vue différens sous lesquels on peut envisager l'utilité des chemins de fer. Comme grandes lignes de communication, ils peuvent diminuer extrêmement les frais du transport des matières entre le lieu de production et le lieu de consommation : ils peuvent faciliter la circulation des individus d'une ville à une autre. Alors leur développement est très-étendu, et leur construction exige de grands capitaux. Mais ce même système de chemins peut être aussi employé avec avantage pour rattacher une usine, une exploitation, un point quelconque de production à une grande communication déjà existante ; pour apporter dans une usine les matières qu'elle met en œuvre, et qui s'en trouvent éloignées ; enfin pour exécuter le transport des grandes masses de déblai. L'établissement de ces branches de chemins de fer réduit les frais de transport d'une manière extrêmement sensible ; et, par suite, il doit en résulter une réduction proportionnelle, soit dans le prix auquel le produit fabriqué peut être livré au consommateur, soit dans le prix d'adjudication des grands travaux de terrassemens. Comme ces chemins de fer partiels ne sont ni fort longs ni fort dispendieux, leur construction peut être parfaitement dirigée par des conducteurs des ponts-et-chaussées, ou par les jeunes élèves des écoles d'application, qui s'attachent au service des usines. Cette seconde manière de considérer les applications possibles des chemins de fer a été un nouveau motif à mes yeux pour renfermer mes idées dans un cadre assez limité, de sorte que le prix de ce livre pût être accessible au plus grand nombre possible de lecteurs.

J'ai divisé ce petit ouvrage en trois parties : la première traite du matériel d'un chemin de fer, indépendamment des moteurs qu'on y emploie. J'y indique les différentes formes des barres, des coussinets, des blocs de pierre qui composent la ligne proprement dite ; les détails de construction que présentent les chariots appliqués au transport des diverses espèces de marchandises ; les divers systèmes de pièces destinées aux changemens de voie, et les machines en usage pour opérer le déchargement des matières transportées ; enfin, j'analyse dans un chapitre particulier les différentes causes de résistance qui s'opposent à la traction sur un chemin de fer.

La deuxième section est consacrée à l'examen de l'économie comparative de la traction opérée avec les divers moteurs. J'y passe en revue successivement les chevaux employés avec ou sans des écuries mobiles; les plans automoteurs, les machines stationnaires, enfin, les machines locomotives. Je me suis étendu d'une manière spéciale sur ce dernier système de machines, dont l'emploi est indispensable pour tout chemin de fer destiné à un service actif et important.

La troisième section présente des considérations générales sur les dépenses de construction et d'entretien et sur les avantages principaux des chemins de fer. J'ai cherché d'abord à y fixer les principes généraux qui doivent guider dans la construction de ce système de routes; je compare ensuite l'économie qu'il est susceptible de procurer, avec les frais ordinaires de transport sur les canaux. Dans un chapitre particulier j'examine le service des voyageurs sur les chemins de fer, et j'évalue l'avantage des machines locomotives sur les chevaux pour ce genre de travail. Enfin, et comme résumé, je présente de courtes réflexions sur les grandes lignes de chemins de fer projetées en France, et je finis par quelques mots sur les essais tentés jusqu'ici avec des machines locomotives sur les routes ordinaires.

Je me suis contenté de joindre au texte un nombre de figures suffisant pour représenter d'une manière exacte les bandes, les coussinets et les pièces de croisement, ainsi que les chariots destinés au transport et les machines locomotives. J'ai donné trois modèles de ces machines ; l'un est l'ancien modèle des machines de Darlington ; les autres sont conformes aux machines du chemin de Manchester à Liverpool. J'ai exposé dans le texte les divers détails qui composent l'ensemble d'une machine locomotive ; mais j'ai jugé inutile de joindre une figure particulière à chacun de ces détails qui peuvent parfaitement se comprendre, d'après l'explication que j'en ai donnée. Le cadre de cet ouvrage ne me permettait pas de présenter des dessins assez grands, et une figure en petit ne peut jamais être aussi exacte qu'un exposé précis de la forme et des dimensions des diverses pièces qui composent une machine.

D'ailleurs, l'art de construire les machines locomotives est encore dans l'enfance; conséquemment il est à peu près inutile de s'étudier à dessiner les dimensions exactes de leurs diverses pièces, mais il faut chercher à comprendre le principe qui a présidé à leur disposition.

Déjà le raisonnement et l'expérience ont corrigé plusieurs défauts graves dans le modèle employé sur le chemin de fer de Manchester à Liverpool. Mais ce modèle présente encore des imperfections. En un mot, l'utilité des machines locomotives n'est bien connue que depuis 1830. Tout porte donc à croire qu'avant quelques années elles arriveront à se perfectionner par les efforts réunis des constructeurs. Mais ces perfectionnemens viendront par l'étude du service des machines en activité, et non par le plus ou moins de soin apporté à l'imitation de celles qui existent actuellement. Celui qui voudra faire un chemin de fer desservi par des chevaux, trouvera dans les exemples que j'ai présentés, toutes les données dont il peut avoir besoin pour l'exécution de son

projet. Celui qui voudra employer des
machines locomotives, apprendra dans cet
ouvrage les défauts et les avantages de
celles qui existent, et s'adressant ensuite
aux grands constructeurs, il pourra juger
du mérite de la machine qu'ils lui propo-
seront.

MANUEL

DU CONSTRUCTEUR

DE

CHEMINS DE FER.

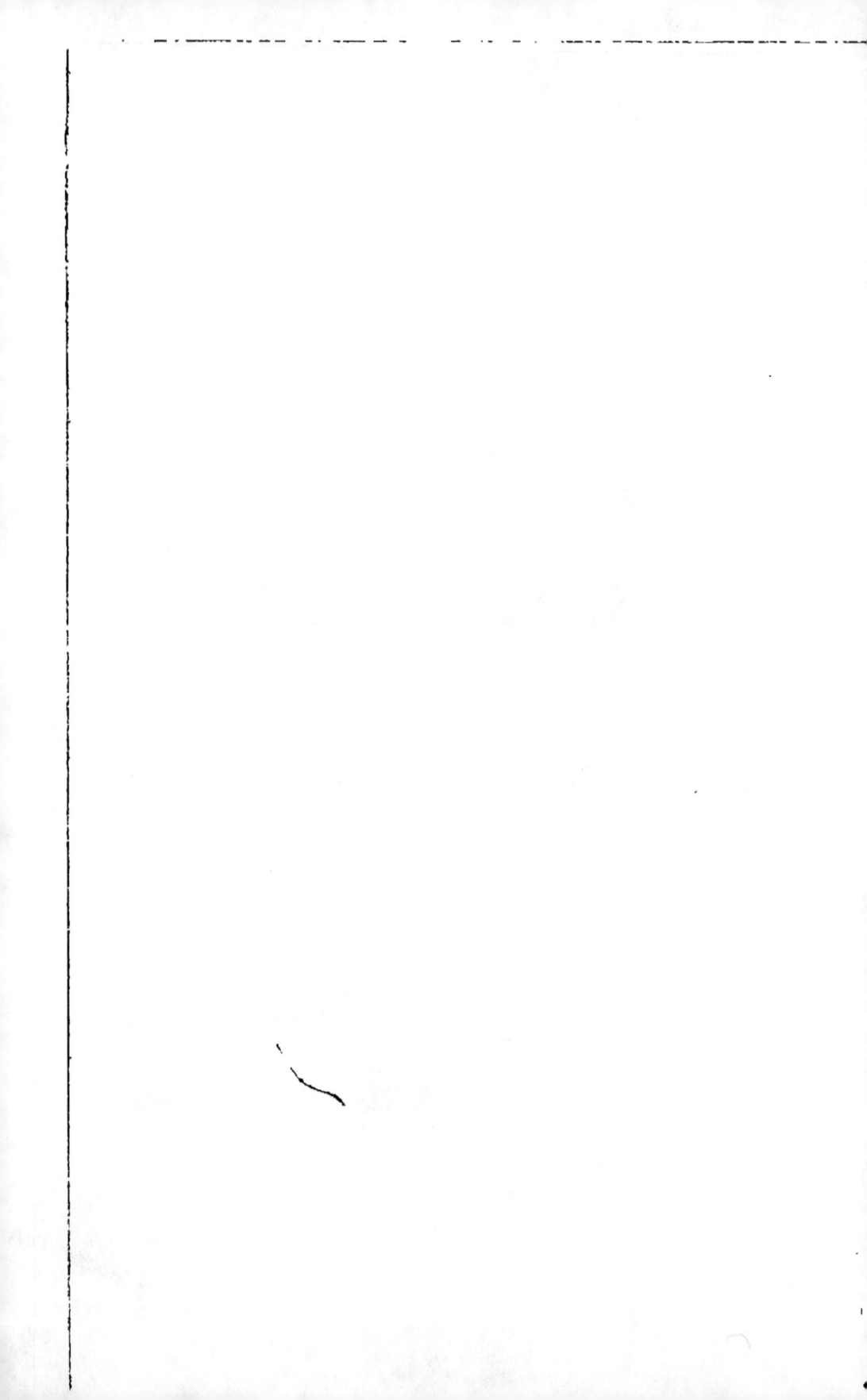

MANUEL

DU CONSTRUCTEUR

DE

CHEMINS DE FER.

INTRODUCTION.

L'ÉLÉMENT le plus certain de la puissance industrielle et commerciale d'une nation, c'est sans contredit l'établissement d'un bon système de communication intérieure, qui puisse faciliter le transport des objets de toute nature, depuis le lieu de production jusqu'à celui où ils se vendent et se consomment.

D'après ce principe vérifié par l'expérience de tous les temps, les premiers efforts des peuples se sont dirigés vers le perfectionnement de la navigation des rivières, l'ouverture des routes pavées ou empierrées, et le creusement des canaux destinés à unir les rivières éloignées. Mais, depuis quelque temps, l'attention publique s'est fixée sur un autre mode de communication, remarquable par l'économie qu'il permet d'introduire dans les transports, et supérieur aux canaux par la rapidité et la continuité de son service complétement indépendant des alternatives des saisons. Ce nouveau système, c'est celui des chemins de fer qui, importé en France depuis une dixaine d'années, est destiné, suivant toutes les apparences, à y prendre une grande extension ; car il semble en général mieux approprié que les canaux à la configuration de notre pays et aux besoins pressans du commerce. Je me propose d'examiner ce nouveau système de transport, en présentant plutôt la discussion raisonnée des principes qui doivent diriger dans son établissement, que l'histoire de tous les essais tentés dans la confection de ses divers détails.

Les premiers chemins de fer ont été établis en Angleterre, dans les environs de Newcastle. Les exploitations de houille, situées autour de cette ville, font transporter leurs produits jusqu'à la rivière de la Tyne, où ils sont chargés sur des bâtimens destinés pour la côte d'Angleterre ou pour l'étranger, et en général, la distance du lieu d'extraction au point d'embarquement est assez considérable. Jusqu'en

1700, ce transport s'exécutait sur d'assez mauvais chemins, et coûtait des sommes énormes aux exploitans. Pour diminuer une dépense aussi forte, les propriétaires de plusieurs mines inventèrent de placer sur le chemin que leurs chariots parcouraient deux rangées continues de pièces de bois destinées à supporter les roues de ces chariots. De cette manière, les tombereaux chargés de houille, roulant sur des surfaces planes, pouvaient se mouvoir avec moins de force que lorsqu'ils portaient sur le sol empierré du chemin et chaque roue étant armée d'une oreille latérale ne pouvait s'écarter de la voie. Bientôt, les constructeurs de ces nouveaux chemins, remarquèrent que ces pièces de bois, soumises à la pression de grands fardeaux, s'usaient très-rapidement; et, pour retarder cette détérioration, ils les couvrirent de bandes de fer plat, fixées avec des chevilles en fer. Ce nouveau procédé eut un autre avantage : il diminua encore plus l'effort nécessaire à la traction, et conduisit à supprimer entièrement le bois qui s'usait encore assez vite, non plus par l'action de la pression, mais par celle de l'humidité. On lui substitua des barres en fonte coulées suivant une certaine forme, et assujetties dans des blocs de pierre placés de distance à distance. Ensuite on modifia la forme de ces barres ; on interposa des coussinets en fonte , entre elles et la pierre qui les supportait ; on substitua des roues en fonte aux roues en bois : enfin, on proposa de substituer le fer forgé à la fonte. Telle est l'histoire de l'origine et des progrès des chemins de fer en Angleterre, depuis 1680 jusqu'en 1812, et, sans doute, l'idée primitive d'où ils dérivent n'a rien de nouveau en elle-même. Depuis long-temps, dans les carrières de pierre, pour faire sortir plus facilement les gros blocs du lieu d'extraction , on sait les placer sur des rouleaux qui portent eux-mêmes sur des madriers. On voit, de même, dans plusieurs rues de Milan, deux rangées de dalles de marbre disposées à un écartement convenable pour recevoir les roues des voitures , tandis que l'entre-deux et les côtés sont pavés en cailloux destinés à assurer la marche des chevaux. Coulomb avait fait même des expériences sur le frottement de cylindres métalliques, roulant sur des surfaces de même nature. Mais c'est en Angleterre qu'on a commencé à apprécier l'avantage que pouvait présenter l'application sur une grande échelle de ces moyens de diminuer le frottement ; c'est dans ce pays surtout qu'on s'est attaché à perfectionner les détails d'exécution qui pouvaient entraver la réussite de l'idée première , et, de là, il est résulté ce qui arrive dans les inventions mécaniques où la difficulté de l'exécution d'une machine est généralement plus grande que celle de la découverte du principe sur laquelle elle est fondée. L'invention des chemins de fer est regardée comme une invention nouvelle venue de l'Angleterre, parce que l'Angleterre a la première mis en pratique des idées dont l'application en grand aurait semblé impossible il y a quelques siècles, et qu'on aurait regardées comme devant rester toujours dans le domaine de la théorie.

Pour établir un chemin de fer, on place sur le sol convenablement préparé, deux lignes de bandes, en fonte ou en fer, destinées à porter les roues des chariots ; on éloigne conséquemment ces deux lignes l'une de l'autre, d'une distance égale à la voie des chariots, et on assujettit les barres avec des coussinets de fonte sur des blocs de pierre ou sur des traverses de bois solidement fixées dans la terre ces blocs ou ces traverses étant éloignés d'une certaine distance les uns des autres.

Les barres employées sur les chemins de fer ont été désignées, en Angleterre, sous le nom de *rails*, mot qui veut dire *barres*, et que l'on a conservé en France, parce qu'il est utile dans la pratique d'appliquer un nom particulier à chaque objet d'usage général.

Les pièces de fonte qui sont fixées sur les blocs de pierre, et qui portent les bandes, sont appelées *chairs* en anglais. Ce mot, qui est l'analogue de celui de *coussinet* en français, a été de même conservé en France pour désigner l'espèce de coussinet employé pour les chemins de fer.

Enfin, les blocs de pierre qui portent ces *chairs* se désignent sous le nom de *dés*, quoique leur forme ne doive pas se rapprocher exactement du cube.

Quant aux chariots employés sur les chemins de fer, on les appelle des *waggons*, mot anglais et allemand qui signifie chariot, et que l'on prononce comme en allemand, *vagon*.

Ce serait une erreur de penser que tout l'avantage d'un chemin de fer consiste simplement dans la diminution du frottement qu'éprouve la jante de la roue, en roulant sur une surface métallique, au lieu de se mouvoir sur une surface pavée ou empierrée. L'avantage d'un chemin de fer dépend de l'exécution plus ou moins parfaite des diverses parties qu'embrasse l'ensemble de sa construction. La direction et l'établissement de la ligne, proprement dite, demande des soins tout particuliers, ainsi que la confection des véhicules et le choix des moteurs qu'on y doit employer. Une faute dans l'une ou l'autre de ces parties distinctes du travail peut influer d'une manière étonnante sur l'économie obtenue dans le transport, et détruire presque entièrement l'utilité réelle de l'entreprise. J'examinerai d'abord les principes que la pratique a consacrés pour la confection du matériel fixe et du matériel mobile des chemins de fer ; je passerai ensuite à l'inspection des divers moteurs qui peuvent y être appliqués. Lorsque le lecteur aura ainsi appris à connaître les divers détails de l'exécution pratique de ces chemins, et les diverses natures de résistance qui peuvent retarder le mouvement des chariots, nous étudierons les conditions générales qui doivent diriger dans le tracé d'un chemin de fer, conditions qui varient suivant l'importance et la nature du transport auquel il est destiné, et nous comparerons ce nouveau système de communication avec ceux dont les avantages et les inconvéniens ont été depuis long-temps constatés par l'expérience.

PREMIÈRE SECTION.

DU MATÉRIEL D'UN CHEMIN DE FER.

CHAPITRE Ier.

Des Rails, Chairs et Dés.

Le matériel fixe d'un chemin de fer se compose, 1°. des barres en fonte ou en fer sur lesquelles portent les roues des chariots ou des *rails* ; 2°. des supports en fonte qui portent ces barres, ou *chairs* ; 3°. des blocs de pierre appelés *dés*, où ces supports sont fixés. Quelquefois ces blocs sont remplacés par des traverses de bois qui passent d'une ligne de bandes à l'autre, en traversant la voie, et portent les deux chairs placés vis-à-vis sur l'une et l'autre ligne.

Rails. — Le système de *rails*, généralement employé, est celui que l'on désigne en Angleterre sous le nom de *edge-rail* ou bande saillante. C'est celui dont nous avons déjà donné une idée. Les bandes sont en fonte ou en fer laminé. Elles présentent une surface plane à la roue qui est armée par côté d'un rebord latéral. Les roues d'un même essieu portant ainsi chacune un rebord, se trouvent maintenues sur les bandes sans pouvoir s'écarter de la voie (*fig.* 21).

Les rails en fonte (*fig.* 1, 2) ont environ un mètre de longueur, et portent à l'extrémité une petite saillie taillée en biseau, qui permet de croiser deux bandes consécutives. Ces deux bandes, ainsi apposées, portent sur un *chair* ou coussinet dont les bords relevés les embrassent. Elles y sont fixées par des clavettes en fer qui traversent les deux bandes, et sont arrêtées aux bords extérieurs du chair.

Les rails en fer (*fig.* 3, 4) s'assemblent d'ordinaire bout à bout et carrément. Généralement, ils sont maintenus dans les chairs par des coins en bois ou en fer, chassés par côté, de manière à serrer dans un creux pratiqué dans le chair un bourrelet qu'offre la bande à sa partie inférieure. Les rails en fer se distinguent des bandes en fonte par leur longueur, qui est de 4 mètres 60 cent. ou 15 pieds anglais. On en a fait même de cinq mètres en France. Cette longueur repose sur des dés qu'on doit espacer au plus de 91 centimètres, ou d'un yard anglais, ainsi qu'au chemin de Darlington en Angleterre. Si les transports sont actifs, il convient même de réduire cette distance à 76 centimètres entre deux dés consécutifs, de sorte que la

barre entière de 4 mètres 60, se trouve reposer sur six dés.

Ce système de longues bandes, ainsi liées à
six chairs et à six dés, offre un grand avantage pour la solidité de la voie, et la conservation de l'alignement des bandes, que tend
sans cesse à déranger l'effort latéral du rebord
des roues, dans le mouvement du chariot.
Avec les longues bandes en fer, cet effort latéral se trouve réparti sur six dés, tandis qu'il
porte simplement sur un seul, dans le système
des rails en fonte. Conséquemment, dans ce dernier cas où le nombre des éléments de chaque
ligne de bandes est six fois plus considérable,
l'action de la roue est bien plus puissante pour
détruire les alignemens.

Un autre avantage des rails en fer laminé,
c'est qu'ils ne pèsent généralement que 13 ½
kilog. par mètre, tandis que chaque mètre
de rail en fonte pèse de 27 à 28 kilog. L'a-
doption des rails en fer présente donc une
économie considérable dans les dépenses pri-
mitives d'établissement. Cette différence singulière de poids tient à ce que le fer a une
beaucoup plus grande force de cohésion que la
fonte, et peut ainsi résister, sous une même
section transversale, à un poids beaucoup plus
considérable. Ainsi, l'expérience démontre
qu'un barreau de fonte, soumis à un effort de

traction longitudinale, ne peut résister à un poids de plus de 10 kilog. par mill. carré, tandis que la résistance du fer sous une même section s'élève moyennement à 40 kilogr. ; et le calcul prouve que deux barreaux, l'un de fonte, l'autre de fer, posés sur deux supports et chargés d'un certain poids, présentent le même rapport de résistance. De cette donnée on peut conclure que le poids de la première bande doit être sensiblement double du poids de la seconde. C'est ce que prouve, au reste, l'expérience des chemins de fer construits avec l'une ou l'autre de ces matières, et, en pratique, un fait reconnu depuis une vingtaine d'années, vaut infiniment mieux qu'un résultat obtenu par le calcul (1).

---

(1) Désignons par l la distance variable du poids au support le plus voisin, par b la largeur de la barre, par d son épaisseur ; appelons f la résistance transversale que le métal dont elle est formée peut offrir par millimètre carré à un effort de traction longitudinale. Enfin soit P, le poids supporté par la barre : on aura l'équation suivante :

$$P\,l = \tfrac{1}{3}f.\,b\,d^2,$$

Equation que l'on peut vérifier dans les traités de mécanique appliquée.

Maintenant, si la barre est une barre de fonte, $f = 10^k$, et pour une barre de fer $f = 40^k$. Le poids P restant constant, ainsi que la longueur comprise entre

Pour donner quelques éclaircissemens sur cette question, examinons la forme que la pratique a montré convenable de donner à la section des bandes pour qu'elles offrent sur tous leurs points une résistance sensiblement égale à la pression des waggons qui portent successivement sur leurs diverses parties.

La section des bandes en fer ou en fonte (*fig.* 6, 7), présente dans sa partie supérieure une surface de 5 centimètres. Au-dessous, elle se rétrécit et se réduit à la largeur nécessaire pour que la résistance du métal employé fasse équilibre à la pression du poids qui roule sur la barre. Cette largeur plus grande à la partie supérieure n'est pas sans motif. Elle a pour but d'empêcher que la barre ne creuse les jantes des roues et ne les use très-prompte-

---

deux supports, et la largeur des deux bandes, la quantité variable d'une barre à l'autre, pour une même valeur de l, sera l'épaisseur d. Supposons que d soit l'épaisseur de la barre en fonte, d' celle de la barre en fer, on aura

$$10\, d^2 = 40\, d'^2.$$

ou $$d = 2\, d'.$$

Ainsi, à un point donné, l'épaisseur de la barre en fonte devra être double de l'épaisseur de la barre en fer, et comme les pesanteurs spécifiques du fer et de la fonte sont représentées par 7.80 et par 7.20, le poids de l'eau étant 1, il s'en suit que le poids de la barre en fonte doit être sensiblement double du poids de celle en fer.

ment ; ce qui arriverait infailliblement si la surface comme le reste du corps de la barre était réduite à 12 ou 15 millimètres de largeur. D'un autre côté, l'on conçoit que, pour que la barre présente une résistance égale sur la longueur comprise entre deux supports, il faut qu'elle soit plus épaisse au milieu qu'à ses extrémités supportées par des blocs de pierre, et ainsi son épaisseur verticale doit décroître peu à peu du milieu jusqu'aux dés, de manière que le dessous de la barre présente la forme d'une courbe. Le calcul indique que cette courbe est une parabole (1), et telle est aussi la forme que l'on donne aux barres coulées en fonte, ainsi que l'on peut le vérifier sur la figure 1.

Quant aux bandes en fer, la question n'est pas identique avec celle que nous venons d'examiner ; car il ne s'agit plus ici d'une barre seule, posée sur deux supports.

---

(1) Reprenons l'équation précédente:

$$P l = \tfrac{1}{3} f b d^2$$

pour une même barre, f, b et P peuvent être regardés comme constans. Les deux variables de cette équation sont donc l ou la distance du poids au support fixe, et d ou l'épaisseur de la bande sur un point donné. La courbe représentée par cette équation sera une parabole, dont l'axe passera par le milieu de la barre.

Les bandes en fer ont, comme nous l'avons dit, une longueur presque quintuple des bandes en fonte, et leurs six portions comprises entre deux dés, étant solidement serrées contre ces dés par des coins de bois ou de fer, forment un ensemble rigide dont chaque partie contribue à la résistance totale présentée par la barre au poids qui pèse sur une seule de ces parties. Ce résultat se concevra d'autant mieux, que les barres en fer offrent un certain degré de flexibilité qui aide à répartir l'effet de la pression sur toute la longueur. De là résulte que la courbure, convenable pour chaque portion d'une barre de fer comprise entre deux dés consécutifs, doit être moins sensible que pour la bande en fonte qui résiste isolément. Pratiquement, cette courbure devient alors de peu d'importance.

Cependant, en Angleterre, on se conforme encore strictement à la règle de la théorie, même pour les bandes en fer, et l'on s'astreint à donner au milieu de chaque portion comprise entre deux dés une plus grande épaisseur que l'on diminue ensuite successivement jusqu'au point qui porte directement sur le dé. La longueur totale de la barre présente ainsi une succession de parties renflées et de parties serrées, et l'épaisseur moyenne de chaque longueur comprise entre deux dés varie de 6 ou 7 cent. à l'extrémité jusqu'à 9 cent. au milieu. Mais cette forme ondulée ne peut s'obtenir qu'avec assez de difficulté, ainsi qu'on le comprendra facilement lorsque nous aurons donné une idée de la manière dont ces barres sont fabriquées. Comme il n'en résulte qu'une différence assez faible entre la plus grande et la plus petite épaisseur de la barre, on a adopté en France une épaisseur moyenne de 8 centimètres pour toute la longueur du rail.

La *fig.* 6 présente la section d'une barre en fonte fixée par des clavettes transversales, la coupe étant prise à sa plus grande épaisseur verticale. La *fig.* 7 présente celle d'une barre en fer, fixée sur son chair par des coins latéraux qui tiennent son bourrelet inférieur serré dans le creux correspondant du coussinet. Les proportions indiquées sont conformes aux dimensions employées au chemin de St.-Etienne à la Loire, dont les rails sont en fonte, et à celles du chemin de St.-Etienne à Lyon, dont les rails sont en fer. La *fig.* 8 représente la section d'un rail en fer du chemin de Darlington en Angleterre.

Fabrication des rails. Les rails en fonte se coulent comme des pièces ordinaires de moulerie. On a cherché inutilement à les fabriquer avec la fonte sortant directement des hauts-fourneaux, et qu'on appelle fonte de première fusion. Cette fonte est trop cassante, n'étant pas assez épurée. On est donc obligé de refondre la fonte de première fusion dans un fourneau à manche ; cette fonte ainsi traitée, et appelée alors fonte de deuxième fusion, est versée dans les moules en sable où a été creusée la forme du rail.

Les rails en fer se laminent avec une paire de cylindres garnie de cannelures qui portent en creux la forme que les rails présentent en relief. Lorsque les rails sont des *rails droits*, ou qu'ils ont une section uniforme sur toute leur longueur, leur laminage n'est guères plus difficile que celui du fer ordinaire. Les cylindres portent chacun cinq cannelures qui viennent se placer l'une devant l'autre. Elles sont graduées de manière à ce que la matière métallique se moule peu à peu sur leur forme, sans que les morceaux de barres qui composent le paquet qu'on lamine, se désoudent ou se déchirent, ce qui arriverait si les cannelures étaient en nombre insuffisant. Car lorsqu'on apporte le paquet de barres des fours où on le chauffe, il n'a ordinairement que 2 mèt. au plus à son entrée dans les cylindres, et il finit par s'allonger jusqu'à 5 et 6 mèt. Cette longueur dépasse celle que nous avons indiquée comme étant la longueur ordinaire des rails prêts à mettre en place. Cet excédant tient à ce que les

extrémités de la barre, étant moins bien comprimées, viennent généralement défectueuses
au laminage ; et, en laissant ainsi au moins 50
cent. environ de chaque côté, on est sûr de
trouver dans le reste de la barre une longueur
suffisante sans défauts. Au sortir du laminoir,
la barre est traînée dans une espèce de sentier
en fonte où elle est étendue et appliquée dans
toutes ses parties à grands coups de maillets de
bois. Cette opération a pour but de la dresser
le mieux possible et de l'empêcher de se cour-
ber trop fortement par le refroidissement.
Lorsqu'elle est refroidie, on la porte à une
forte cisaille qui sert à couper les bouts des fers
ordinaires, mais que l'on arme d'un couteau
d'acier fondu taillé suivant la section même du
rail, afin que celui-ci puisse être coupé bien
net. Cette netteté de la coupe du rail est une
condition très-importante pour l'ajustement
des rails bout à bout, comme ils sont placés
ordinairement sur les chemins de fer.

Lorsqu'on veut que la forme des bandes
soit ondulée de distance en distance, l'opération devient beaucoup plus difficile. Les cannelures des cylindres doivent présenter en
creux le moule de la section variable de la
bande, depuis la partie qui pose sur le dé
jusqu'au point le plus éloigné de deux dés
consécutifs, et où conséquemment la bande

a le plus d'épaisseur. Généralement, dans les usines anglaises, les trois premières cannelures, qui ne doivent servir qu'à dégrossir la bande, sont faites d'une section uniforme; et les deux dernieres seules sont taillées suivant une profondeur variable. Le tournage de ce genre de cylindres lamineurs demande beaucoup d'habileté; mais c'est surtout le laminage lui-même qui exige une grande adresse, puisqu'il faut que la matière métallique se distribue uniformément dans le moule des cannelures; et cette répartition ne peut manquer d'être fréquemment inégale si le fer n'est pas à la température convenable, et si le paquet de barres qu'on lamine n'est pas parfaitement soudé. La difficulté d'exécution de ces barres ondulées jointe au peu d'utilité de cette forme particulière, a engagé, comme nous l'avons dit, les compagnies des chemins exécutés en France, à employer des rails de section uniforme, et l'expérience montre qu'ils résistent aussi bien que des rails ondulés.

Nous avons dit plus haut que le poids d'un mètre de rail en fer est de 13 kil. $\frac{1}{2}$ environ, tandis que celui d'un mètre de rail en fonte s'élève jusqu'à 27 et 28 kil. On peut aujourd'hui se procurer dans les usines françaises des rails en fer à 35 fr. les 100 kil. Les rails en fonte coûtent au moins le même prix par 100 kil. Ainsi un mètre courant de rail en fer revient à 4 fr. environ, tandis que le mètre de rail en fonte coûte plus de 9 fr.

À cette économie singulière, on a opposé la crainte que la rouille et l'usage ne détériorassent plus rapidement les rails en fer que ceux en fonte. Mais cette assertion est loin d'être démontrée. Quant à l'effet de la rouille, il est comme insensible sur un chemin de fer, et l'on a fait une remarque curieuse à ce sujet. C'est que la rouille ne pénètre guères à plus de $\frac{1}{2}$ mil. de profondeur dans les barres soumises, comme celles des chemins de fer, à l'action des roues qui passent sur elles journellement.

Quant à la détérioration par l'usage, on doit observer que les bandes en fer ne cassent presque jamais, à moins que le fer ne soit très-aigre. La fonte, au contraire, est très-exposée à casser, surtout dans les gelées d'hiver. Enfin, on doit dire que les rails usés peuvent se vendre encore comme vieux fers à 20 ou 21 fr. les 100 kil., tandis que la fonte brisée n'est bonne que pour bocage, et ne peut se remettre aux fondeurs qu'à 16 ou 17 fr. au plus le quintal métrique.

Chairs. Les chairs en fonte qui portent le rail à chaque dé présentent en creux la forme du rail en relief. La *fig.* 6 représente la coupe d'un chair employé ordinairement pour les rails en fonte. On les y introduit en les glissant par côté, et, ainsi que nous l'avons dit, ils y sont assujettis au moyen d'une clavette transversale qui traverse le chair et les deux bandes apposées.

La *fig.* 7 présente la section d'un chair avec un rail en fer de la forme de ceux que nous avons indiqués plus haut. Ces chairs ont généralement 22 cent. de longueur sur 6 cent. de large (*fig.* 10). Le creux qu'ils portent sert à loger le bourrelet du rail, tandis que le coin en bois, chassé entre la partie opposée du rail et le côté du chair, est retenu par une petite saillie en fonte d'une demi-ligne environ. De cette manière, le rail se trouve assujetti fortement en place, jusqu'à ce que le coin de bois pourisse; alors il prend un mouvement sensible dans son support. Pour remédier à cet inconvénient, on emploie en Angleterre, des coins de fer au lieu de coins de bois, *fig.* 8 : mais ces coins en fer ont le désavantage de ne pouvoir serrer le rail aussi fortement, et de lui laisser toujours un mouvement sensible. En général, on doit remarquer que la grande difficulté de l'assemblage des rails dans les chairs tient surtout à la difficulté de bien assujettir ensemble les deux bouts des rails consécutifs; car, chaque bande pliant sous le poids des chariots, ces deux bouts tendent toujours à se relever, et, si l'un d'eux n'est plus serré par le coin, il en résulte qu'il s'élève au-dessus de l'autre, et produit un choc dans le passage des chariots. Aussi emploie-t-on pour ces joints de bandes des chairs plus longs de 2 cent. au moins que ceux qui sont placés au milieu de chaque bande. Quelquefois, lorsque les rails sont posés sur une partie de chemin de fer en pente, il arrive qu'ils ont une tendance à glisser hors du chair, suivant le sens de la pente, par l'effet des secousses qu'ils reçoivent. Alors on perce d'un trou latéral chaque rebord du chair de jonction ainsi qu'un des rails qui s'y trouve placé ; et, au moyen d'une clavette en fer qui traverse le chair et le rail percé, on empêche celui-ci de glisser hors du chair. Ce dernier moyen réunit, comme l'on voit, les deux systèmes d'assujettissement dans les chairs, par clavette et par pression latérale. Au chemin de Manchester, on a entaillé le bout des rails de manière à les croiser comme des rails en fonte. Cette opération est excellente pour consolider le chemin : elle n'a d'autre inconvénient que d'augmenter le nombre de rails nécessaires sur une longueur donnée.

Les chairs sont en fonte, et se fabriquent très-facilement, puisqu'on peut en mouler quatre à la fois dans un même châssis de fon-

derie. Aussi ne coûtent-ils que 35 à 40 fr. les
100 kilog., et chaque chair, pesant 3 kilog.,
revient à 1 fr. environ. Ils n'ont pas une durée
très-longue sur un chemin un peu fréquenté;
mais leurs débris peuvent encore se revendre
à 16 fr. les 100 kilog., et, d'ailleurs, il serait
trop coûteux de fabriquer des chairs en fer
forgé.

Les deux ouvertures qu'ils portent de chaque
côté servent à recevoir des chevilles de chêne
qui entrent fortement comprimées dans des
trous correspondans ménagés dans les dés en
pierre ou dans les traverses en bois (*fig.* 10
et *fig.* 7).

Dés ou Blocs de pierre. — Les dés ont en
général au moins un pied carré de surface sur
sept à huit pouces de hauteur. Cette largeur
de surface est nécessaire pour asseoir parfaitement le rail sur le terrain ; mais il ne faut pas
que le dé soit trop élevé , qu'il soit cubique ,
par exemple ; car alors toute force latérale
exercée contre le rail par le mouvement des
chariots, renverserait très-aisément ce dé mal
assis et prêt à tourner sur sa base. Ainsi que les
chairs, les dés placés aux joints des bandes
ont une surface plus large que ceux placés aux
points intermédiaires ; ils ont , en général, au
moins deux pieds carrés. Les dés sont grossièrement équarris sur leurs côtés ; la face supé-

rieure seule demande plus de soin, pour qu'on puisse y aplanir commodément l'emplacement du chair. Le perçage des trous qui doivent recevoir les chevilles en bois s'exécute à la mèche ordinaire : ces trous ont au moins trois pouces de profondeur, et doivent être le plus droits qu'il est possible pour que le chair ne ballotte pas. Le dé, ainsi percé, coûte 75 cent. environ pris à la carrière. Pour consolider les chevilles en chêne dans les trous du dé, on enfonce souvent un gros clou de fer dans ces chevilles une fois fixées ; mais, comme les coins, elles sont sujettes à être changées assez souvent. Leur prix est au reste très-peu élevé.

Pose des Rails. — Lorsque l'emplacement de la voie est convenablement préparé , et qu'il s'agit de mettre les rails en place, on commence par creuser deux fossés de la largeur des dés, suivant la ligne que doit occuper chaque série de bandes, des deux côtés du chemin. En Angleterre, la largeur de la voie est généralement de 60 pouces anglais, ce qui correspond à 1m. 50. C'est aussi la largeur qu'on a adoptée en France pour les chemins de fer exécutés jusqu'ici. Ces fossés étant ainsi creusés à 75 cent. environ de l'axe de la voie, on en approche les dés garnis de leurs chairs : on approprie , on nivelle les places qu'ils doivent occuper, et qui sont espacées soit de

91 cent., soit de 76 cent., comme nous l'avons dit plus haut, soit de tout autre écartement qu'on adoptera. Puis on pose une vingtaine de dés en même temps, et on les aligne sur la ligne droite ou la courbe que doit former le chemin, en plaçant dans les chairs les bandes arrêtées provisoirement. Il se rencontre toujours des inégalités dans la profondeur du fossé ou la hauteur des dés ; on les corrige, au moyen de trois nivelettes en bois, semblables à celles des paveurs, et dont deux sont placées sur des rails déjà posés, ou sur des piquets d'une hauteur vérifiée, tandis que l'autre est promenée sur les deux rails non fixés, les plus près de ces piquets. Suivant que les dés de ces rails sont trop bas ou trop hauts, on recharge la terre sous eux, ou on les enfonce avec des *dames* en bois. Quand la hauteur de ces deux rails est arrêtée, on transporte sur eux les deux premières nivelettes, et l'on porte la troisième nivelette sur les bandes plus éloignées. Lorsque ces opérations ont été soigneusement exécutées, on serre les rails dans les chairs en y enfonçant les coins : on garnit chaque dé de pierrailles et on l'entoure avec la terre extraite du fossé qu'on dame fortement afin de la comprimer.

Ces précautions sont indispensables pour l'établissement d'une ligne solide, et l'on ne

saurait apprécier assez leur importance ; car
la résistance à la traction peut être doublée
par l'imperfection de la pose des rails.
Quand on emploie des traverses pour supporter les chairs, ce qui n'a lieu généralement que pour des poses provisoires, on
place ces traverses perpendiculairement à
l'axe de la voie dans un sillon creusé à
cet effet, et l'on aligne simultanément les
bandes des deux lignes. Ce même moyen
s'emploie encore, quand une pose définitive
en dés est effectuée sur des terres fraîchement
apportées, et qui n'ont pas eu le temps de
se tasser. On place alors entre les dés des traverses qui unissent les deux lignes de rails,
et qui empêchent leur écartement. Enfin,
dans la pose des rails en fer, on laisse un
intervalle de deux millimètres environ entre les bandes consécutives, afin que dans les
grandes chaleurs ces longues bandes puissent
s'allonger librement sur toute leur étendue.
Cet intervalle de deux millimètres paraît suffisant pour les variations de température de
nos pays, comme on peut le vérifier d'après la
dilatation du fer, qui est, pour un mètre, de
$0^{mm}.0122$ par degré. Pour 50 degrés de variations, l'allongement d'un mètre serait $0^{mm}.610$,
et celui d'un rail, de 15 pieds anglais ou $4^{m}.60$
de longueur, serait $2^{mm}.180$. Si la bande était

plus longue, si elle était de 5 mètres par exemple, il faudrait laisser un peu plus d'espace encore. Sans cette précaution, les bandes allongées par l'effet de la température se courbent avec une force irrésistible, et des poses exécutées avec la plus grande rigueur en hiver sont méconnaissables au bout de six mois, la chaleur ayant altéré tout l'alignement. Les bandes en fonte étant beaucoup plus courtes, il se trouve toujours assez d'espace entre leurs joints, pour suffire à l'allongement produit par la même cause.

Au sortir de l'usine, les rails en fer présentent toujours une certaine courbure qui résulte de l'inégalité de leur refroidissement sur toute leur étendue. Cette courbure est assez sensible pour exiger que la barre soit dressée exactement avant d'être mise en place. Le dressage se fait à froid sur une petite enclume portative dont se munissent les poseurs de rails. Il exige l'emploi de trois hommes, dont deux tiennent la barre, et présentent successivement toutes ses parties sur l'enclume, tandis que le troisième frappe dessus avec une masse en fer. Trois hommes peuvent dresser 30 à 40 bandes dans leur journée; chacun gagnant 40 sous environ, le dressage revient de 20 à 15 cent. le rail.

Nous avons vu que les bandes en fer ont

d'un côté un bourrelet qui se loge dans une partie creuse ménagée dans le chair, tandis que, entre l'autre côté et le rebord du chair, on enfonce le coin qui fixe le rail en place (*fig.* 7). Lorsqu'on pose les rails, on peut être incertain de savoir s'il vaut mieux placer le bourrelet du rail à l'intérieur ou à l'extérieur de la voie. Pour examiner cette question, il faut se rappeler que la pression exercée par l'oreille de la roue dans le mouvement du waggon, agit toujours de dedans en dehors, sur la partie supérieure de la bande, et tend ainsi à renverser celle-ci à l'extérieur. Si donc l'on place le bourrelet en dedans, ce bourrelet se trouvera presser fortement contre la partie supérieure du chair, et tendra à la casser, tandis que, si on le place en dehors, le coin placé plus près de la surface supérieure de la bande la soutiendra mieux contre le déversement, et de l'autre côté la bande s'appuyera contre la partie supérieure du chair. Ainsi, il semble qu'il convient mieux de placer le bourrelet en dehors de la voie et le coin en dedans. Dans tous les cas, comme les bandes s'usent surtout dans la partie de leur surface exposée au frottement de l'oreille de la roue, il convient de les retourner lorsque cette face est usée, et de faire porter l'oreille sur l'autre face encore intacte, de sorte que l'on se trouve améné à employer successivement l'une et l'autre des méthodes de pose que nous venons d'indiquer.

Plate-rail. — Outre le système de bandes que nous venons de décrire, et que l'on désigne sous le nom d'*edge-rail*, il existe en Angleterre un autre système connu sous le nom de *plate-rail* ou de chemin à bandes plates. Dans ce dernier système, l'oreille qui doit empêcher la roue du chariot de sortir de la voie, se trouve placée sur le bord de la bande, au lieu de se trouver sur la jante de la roue, et cette bande se trouve avoir la forme représentée *fig.* 5 et 9. La jante de la roue étant plate, il s'en suit que ce système de bandes peut recevoir toute espèce de voitures analogues à celles qui parcourent les routes ordinaires, et de là il semble, au premier coup d'œil, qu'il est susceptible d'une application bien plus générale que celui des rails saillans, qui demande des roues d'une forme particulière. Mais il faut réfléchir que le principe d'un chemin de fer est de présenter une surface parfaitement unie à l'action d'une jante également sans aspérité, et conséquemment il ne convient pas d'employer des lignes de rails à supporter les jantes des voitures ordinaires, grossièrement ferrées et garnies de gros clous qui produiraient encore un frottement sensible et détérioreraient les bandes rapidement. Le système des *plate-rails* semble, il est vrai, présenter une certaine économie d'établissement primitif sur celui des *edge-rails*, puisque les bandes étant plates peuvent s'arrêter facilement sur des longuerines au moyen de grosses vis à bois ; mais la forme creuse qu'elles présentent les expose à se couvrir de boue , ou de poussière , ce qui crée une nouvelle résistance à la traction et détruit totalement l'avantage des chemins de fer. Pour diminuer cet inconvénient , on a employé sur ces bandes plates des roues très-minces , qui avaient moins de points de contact avec elles, et étaient par là moins exposées à se charger de boue et des matières étrangères répandues à la surface ; mais ces roues minces creusent rapidement un sillon dans la bande et delà résulte un nouveau frottement très-énergique.

Cette sorte de chemin a été long-temps usitée dans le pays de Galles , mais peu à peu elle disparaît pour faire place au système des barres saillantes. On avait pensé aussi qu'elle serait applicable aux galeries des mines , dont le sol est généralement assez ferme pour recevoir la bande sans intermédiaire : mais les essais qu'on en a faits, et qu'on fait encore , indiquent que l'économie de premier établissement, et la facilité de défaire et de rétablir ces espèces de chemins de fer , sont bien compensées par l'ex-

3*

cès de résistance que produit la boue déposée
sur la bande, et par l'usure rapide du matériel
sous l'action de ces jantes minces en fonte qui
agissent comme un couteau tranchant. Aussi,
lorsqu'on songe à employer les chemins de fer
pour un usage de quelque importance, on doit
se borner aujourd'hui au système des bandes
saillantes, qui, élevées de quelques pouces au-
dessus du sol, et n'offrant à leur partie supérieure qu'une surface de 5 centimètres de large,
se tiennent beaucoup plus facilement dans cet
état de propreté indispensable pour un chemin
de fer. C'est donc uniquement sur les détails
de ce système généralement adopté que j'ap-
pellerai l'attention du lecteur.

Cependant nous devons examiner si la force
et la nature des différens élémens qui le
composent ne doit pas varier suivant le prix
du fer, de la fonte, des pierres même dans
les différentes localités. Les dimensions que
nous avons données pour la section des rails
en fer, sont conformes à celles qui ont été
adoptées primitivement en Angleterre; mais
on les a trouvées trop faibles pour les grandes
vitesses du chemin de Liverpool à Manchester,
où les voyageurs sont entraînés à raison de
7 à 8 lieues à l'heure. Sur ce chemin on a
employé des rails pesant par mètre 20 kilogrammes. Cette augmentation de poids dans

les rails était convenable en Angleterre, où les usines les fournissent à raison de 20 fr. les 100 kil. Mais en France, où le fer est plus cher, pour un chemin destiné à des vitesses analogues à celles du chemin de Manchester, il serait infiniment plus économique d'augmenter le nombre des dés, ce qui donnerait le même résultat pour la solidité de la voie.

Cette remarque me conduit à dire quelques mots sur les différens systèmes de construction de chemins de fer qu'on peut proposer, comme étant plus économiques que le système anglais. Le mode le moins dispendieux, comme construction, consiste à employer des longuerines de chêne revêtues de bandes de fer plat de 1 cent. d'épaisseur, et liées ensemble par des traverses perpendiculaires à la direction de la voie. Nous devons même dire que, le bois étant plus élastique que les dés, un chemin ainsi établi aurait l'avantage d'être très-doux pour les voyageurs. Mais, s'il était fatigué par un transport un peu actif, il ne pourrait durer que peu de temps : car le chêne, qui en formerait la base, étant imparfaitement recouvert de terre, se trouverait exposé à toutes les alternatives de la sécheresse et de l'humidité, et pourrirait promptement. De plus, les bandes de fer vissées avec des vis à bois se détachent très-aisément : et au bout de quelque temps la voie devrait être entièrement réparée, pour peu que les tranports y fussent exécutés avec une certaine vitesse. On a fait quelques essais en ce genre pour le service d'usines ou d'exploitations, mais il serait impossible d'appliquer un tel système sur une grande échelle.

Dans les pays où la pierre de taille de grande dimension est à bon marché, on pourrait placer sur des pierres de 1 mètre 50 cent., des bandes de fer plat de 3 centimètres d'épaisseur, et on les arrêterait avec des vis en fer entrant dans des chevilles en bois qui seraient fixées dans la pierre comme dans les dés ordinaires. Pour donner une grande stabilité à l'assemblage, on aurait soin de croiser les longueurs de bandes avec les pierres consécutives, et de plus on laisserait en saillie chaque bande de 2 cent. au moins pour que l'oreille de la roue ne frotte pas contre la pierre. Ce système serait assez solide, mais il exige de longues pierres qui seraient assez difficiles à trouver. Aux mines d'Alais, M. Brard avait essayé un autre système un peu différent; il consistait à placer sur champ, dans un sillon pratiqué dans de longues pierres, des bandes de fer de 2 centimètres d'épaisseur, retenues de côté par des coins très-minces en fer. Mais, d'après ce que nous avons vu, ces bandes posées sur champ doiven avoir l'inconvénient grave de creuser la roue très-promptement, et de plus elles sont très-exposées à se déverser par l'action latérale des roues.

Le système des barres saillantes anglaises semble remplir avec assez d'économie les conditions nécessaires pour la conservation des roues des waggons, et pour la solidité de la voie. En se rappelant seulement qu'on doit augmenter le nombre des dés si l'on veut employer de grandes vitesses, les dimensions des bandes que nous avons indiquées seront toujours convenables.

CHAPITRE II.

Des Chariots destinés aux transports sur les chemins de fer ou Waggons.

Quoique nous n'ayons pas encore décrit les moyens employés pour faire sortir les chariots d'une voie de chemin de fer, et les faire entrer dans une autre, on conçoit facilement qu'il ne doit pas être facile de les retourner de l'avant à l'arrière, retenus comme ils sont par le rebord de leurs roues sur des bandes de cinq centimètres de large, hors desquelles il devient impossible de les mouvoir sans une augmentation considérable dans la force du moteur. De là il suit que les chariots des chemins de fer doivent être disposés de manière à être conduits en avant ou en arrière avec la même facilité, ou, en d'autres termes, de là il suit que l'avant et l'arrière des chariots doivent être semblables. De plus, il convient que ces chariots n'aient pas d'avant-train mobile comme les voitures ordinaires, parce que cet avant-train mobile se dévierait trop facilement de la voie, et il faut que leurs caisses soient placées sur deux essieux parallèles et liés ensemble par un encadrement assez rigide, pour que les roues ne tendent pas à s'échapper au moindre obstacle qu'elles rencontrent. Enfin, l'on conçoit que la rotation de ces roues doit s'exécuter exactement dans un plan vertical; car tout mouvement d'oscillation qu'elles pourraient prendre autour de l'essieu, tendrait à faire sortir le chariot de la voie. De là résulte que les roues doivent être fixées sur l'essieu, et que celui-ci doit tourner avec elles, au lieu que, dans les voitures ordinaires, l'essieu est fixe, et la roue tourne seule. Ces considérations nous indiquent déjà que les waggons doivent éprouver une résistance particulière, lorsqu'ils se meuvent sur des courbes, puisque leurs essieux doivent rester sensiblement parallèles, et que les deux roues fixées sur le même essieu doivent avoir toujours, l'une et l'autre, la même vitesse de rotation.

D'après cette disposition, les essieux, étant assujettis à tourner, portent des boîtes en cuivre ou en fonte, qui servent d'intermédiaire entre eux et la caisse du chariot. Ces boîtes adoucissent le frottement qu'exerce contre la surface de l'essieu la pression de la caisse et de ce qu'elle contient. Dans son contact avec la bande, la jante de la roue éprouve aussi une résistance particulière, due au frottement exercé par la pression de ses particules contre les particules correspondantes de la bande de fer. La quantité de résistance produite par cette dernière cause devient très-sensible, pour peu que la jante des roues ne présente pas une surface parfaitement polie, ou lorsqu'elle est formée d'une matière trop tendre qui se laisse égrainer par l'usage. Cette résistance à la circonférence est fortement diminuée par le mode suivi dans la fabrication des roues employées sur les chemins de fer. Cependant elle existe toujours, ce qu'on concevra facilement, puisqu'une roue ne tourne qu'en vertu de la résistance qu'opposent à son mouvement libre de translation les molécules de la surface sur laquelle elle se meut. Quant à la résistance qui résulte de la pression de la caisse sur l'essieu, son énergie est plus ou moins modifiée par la forme des boîtes interposées entre l'essieu et la caisse, par les corps gras dont ces boîtes sont garnies, enfin, par le rapport des dimensions respectives de l'essieu et de la roue. Pour faire apprécier l'influence de cette dernière cause, je vais donner ici quelques explications.

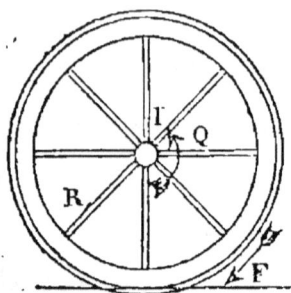

Considérons ici une roue placée sur un chemin de fer horizontal; désignons par **R** son rayon, par *r* celui de l'essieu fixé à la roue, et par *c* la portion de la caisse du chariot qui porte en I sur l'essieu. Si l'on applique au chariot une force de tirage *f* pour le faire mouvoir en avant, la force *f* devra vaincre d'abord la résistance produite par le frottement du chariot contre l'essieu; cette résistance étant vaincue, l'essieu tournera, entraînant avec lui la roue; mais le sens de révolution de celle-ci sera contraire à la direction de la force *f*, à cause de l'adhérence des particules de sa jante avec celles de la bande de fer. L'effet produit par la traction sera donc proportionnel à la force *f*, diminuée d'une quantité égale à la valeur de ces deux sortes de résistance,

'une à l'essieu, l'autre à la circonférence de
la roue. Or, l'on conçoit que l'effet produit
serait exactement le même, si l'on supposait
que la force f, au lieu d'être employée à tirer
le chariot en avant, eût été appliquée à la
circonférence de la roue, en sens contraire de
sa première direction. Alors, elle devrait d'a-
bord vaincre l'adhérence de la jante contre la
bande, et ensuite le frottement de l'essieu
contre la boîte où il est engagé. De cette
force ainsi appliquée, retranchons la quantité nécessaire pour vaincre l'adhérence de
la jante, et nommons F la force restante
qui doit vaincre la résistance à l'essieu ; appelons de plus Q, cette dernière résistance. Les
directions de ces deux forces F et Q sont en
sens contraire, comme l'indique la figure : l'une
agit au bout du levier R, égal au rayon de la
roue, l'autre à l'extrémité du levier r, égal au
rayon de l'essieu : de sorte que si l'on suppose
le rail mobile et le chariot fixe, ce qui ne
change rien aux conditions du problème, ces
deux forces se feront équilibre aux extrémités
d'un levier coudé, dont le point fixe est au
centre de l'essieu. On aura donc :

$$\text{FR} = Q\,r, \quad \text{d'où } F = Q\frac{r}{R}.$$

De là on voit que plus le rapport $\frac{r}{R}$ sera

petit, plus F sera petit par rapport à Q :
ou, en d'autres termes, plus le rayon de la
roue sera grand par rapport à celui de l'essieu, moins sera grande la portion de la force
totale de traction nécessaire pour contre-balancer la résistance produite par le frottement
de l'essieu. Cette résistance est une portion
de la résistance totale beaucoup plus considérable que la résistance éprouvée par la
jante contre le rail, du moins lorsque les
jantes des roues des waggons sont confection-
nées avec les soins convenables, et lorsque
les rails présentent une surface sensiblement
polie, comme celle des rails en saillie. Ainsi,
en général, on réduira sensiblement la force
nécessaire à la traction en augmentant le rayon
de la roue par rapport au rayon de l'essieu.

D'un autre côté, l'on sent que le diamètre
de la roue doit être limité pratiquement dans
ses dimensions par l'inconvénient qui résulterait des roues trop pesantes ou trop peu solides, si l'on voulait économiser sur leur poids.
De même, l'essieu ne peut être réduit au delà
de certaines limites sans nuire à sa rigidité
et à sa force. Les dimensions des boîtes ne
sont pas non plus sans importance, pour la
valeur absolue de la résistance à l'essieu. Il
est bien vrai que pour des corps durs, tels que
ceux qui se trouvent ici en contact, le frotte-

ment est proportionnel à la pression et indépendant de l'étendue de la surface frottante. Mais cependant, si les boîtes étaient trop étroites, elles pourraient couper l'essieu en s'échauffant dans le mouvement ; si elles étaient trop larges, l'huile ou la graisse dont elles doivent être garnies pourrait se mal distribuer sur toute leur longueur, de sorte que l'essieu se trouverait frotter contre des parties entièrement sèches, ce qui l'userait en peu de temps.

Ces principes une fois posés, nous pouvons passer à l'examen de la construction des différentes parties dont se compose l'ensemble d'un *waggon*, nom que l'on est convenu d'adopter, comme nous l'avons dit, pour les chariots qui servent sur les chemins de fer.

Roues. — Les roues des waggons sont ordinairement en fonte de deuxième fusion, comme les rails en fonte. Elles ont assez généralement 76 cent. de diamètre, mesurées de jante en jante. On peut aller jusqu'à 80 ou 85 centimètres ; et cette dernière dimension est même employée assez généralement sur le chemin de Darlington. Mais il faut alors que les roues soient coulées en excellente fonte ; car si les rayons présentent quelques soufflures, ces roues plus grandes se brisent très-facilement dans les mouvemens rapides. La jante a 7 cent.

de large, et le rebord latéral 2^c, 5o de hauteur (*voyez la fig.* 21). Cette largeur de la jante a pour but de laisser un certain jeu au chariot placé sur les rails, de sorte que les deux rebords des roues ne se trouvent pas continuellement presser contre le bord de la bande. En effet, un semblable contact continuel du rebord et de la bande, dans la marche du chariot, produirait un frottement latéral extrêmement énergique.

La jante doit être trempée, de manière à présenter une surface assez dure. Sans cette précaution, elle se creuse rapidement par son contact avec le rail dans le mouvement rapide de rotation auquel elle est soumise, et au bout de deux mois elle est complétement usée.

La trempe se donne en coulant la roue dans un moule entouré d'une bande circulaire en fer qui se trouve placée contre le vide que doit remplir la jante. Lorsqu'on verse la fonte dans le moule et qu'elle vient remplir ce vide, le contact du fer froid la refroidit assez rapidement sur toute la circonférence, et la transforme en fonte blanche jusqu'à la profondeur d'une ligne environ, tandis que le reste de la roue se refroidit lentement et reste à l'état de fonte douce.

Les roues portent généralement douze rayons

droits, qui viennent aboutir à un moyeu brisé en trois portions. Cette division du moyeu est indispensable pour que le retrait de la fonte se fasse bien également dans toutes les parties de la roue. Car les rayons, n'ayant qu'un centimètre environ d'épaisseur, se refroidissent plus vite que la masse de fonte placée au moyeu; et, si ce moyeu est plein et résiste à leur retrait, ils se contractent d'une manière inégale, présentent des vides et sont exposés à se briser avec la plus grande facilité. Pour remédier à cette contraction inégale dans le refroidissement, on avait d'abord songé à donner aux rayons une forme en S qui se dressait plus ou moins par le retrait; mais ce moyen était encore imparfait, et cette forme ondulée diminuait la force des rayons. Dans le procédé actuel, le moyeu est divisé en trois parties dont chacune se prête à la contraction des rayons auxquels elle correspond. Au sortir du fondage, ces trois parties se trouvent généralement séparées par des intervalles d'un centimètre. Au milieu est ménagé un espace circulaire vide, destiné à recevoir l'essieu (*voyez la fig.* 20).

Une roue ordinaire pèse 100 kil., et coûte toute fondue de 35 à 40 fr. L'inconvénient de l'inégalité du retrait devient d'autant plus sensible, que le diamètre des roues est plus grand, et cette considération jointe à leur poids tend à limiter leur grandeur dans des dimensions qui sont assez restreintes, si on les compare à celles des roues qui servent aux voitures des routes ordinaires. On a essayé d'augmenter le diamètre des roues destinées aux chemins de fer en les faisant en bois; mais alors il faut que l'assemblage des rais et des jantes en bois soit assez parfait pour ne pas se désunir par l'effet de l'humidité et de la sécheresse. Il faut donc beaucoup de soin dans la confection des roues en bois, comparativement à la grande facilité de la fabrication des roues en fonte, et c'est ce qui doit faire préférer celles-ci pour l'usage général des chemins de fer.

Essieux. Le diamètre des essieux varie de 7 à 8 cent. Ils peuvent se faire en fer forgé, en assemblant et soudant ensemble des barres de dimensions analogues; ou bien, ce qui est de beaucoup plus économique, ils peuvent se fabriquer au laminoir comme du fer laminé ordinaire. Cette opération se fait avec deux cylindres lamineurs, semblables à ceux qui servent à laminer le fer rond ordinaire. Il faut seulement que la dernière cannelure corresponde à la dimension voulue pour le diamètre de l'essieu. La barre étant laminée, on présente ensuite à la cisaille ses deux extrémités, et on les coupe à la longueur requise. Cette longueur est un peu plus de la largeur de la voie prise d'axe en axe des deux lignes de bandes; elle est de 1^m.60 environ. Puis on tourne les deux parties de chaque essieu où doivent se placer les boîtes.

Les essieux laminés, coupés de longueur, et tournés, peuvent revenir à 40 fr. les 100 kil. Chacun d'eux pèse 60 à 70 kilogrammes.

Pour assembler les roues dans les essieux, on commence par aléser soigneusement au tour l'intérieur du moyeu de la roue, en ayant soin que l'axe du moyeu ainsi tourné corresponde exactement avec l'axe de rotation de la jante même de la roue ; car c'est là une condition indispensable pour que la roue emmanchée sur l'essieu *tourne rond*. Cet alésage s'exécute très-bien avec un petit tour, et demande seulement de l'habitude. Il ne coûte guère que 1 fr. à 1 fr. 25 c. par roue. Le moyeu étant ainsi préparé, on place chaque côté, sur la saillie qu'il forme, deux brides en fer avec lesquelles on réunit les trois parties dont il est composé, puis on remplit avec des cales en fer les vides laissés entre ces parties. Ces brides et ces cales sont fixées avec du mastic ordinaire de fer et de sel ammoniac. On présente ensuite le moyeu à l'essieu, et l'on chasse la roue avec un fort maillet en bois. Quand le moyeu est arrivé en place, on l'arrête par une clavette en fer qui entre moitié dans une cavité pratiquée dans l'essieu, moitié dans une autre pratiquée dans le moyeu de la roue. Cette clavette est conique, et, étant chassée à grand coups de maillet, elle consolide l'assemblage de l'essieu et de la roue. Cependant il serait peut-être meilleur, quoique plus coûteux, de remplacer cette clavette horizontale par une autre fixée verticalement dans l'extrémité de l'essieu, celui-ci étant assez prolongé pour la recevoir. Cette clavette verticale retiendrait la roue, si elle prenait du jeu, et l'empêcherait de sortir entièrement, ce qui peut occasioner des accidens fort graves. En Angleterre, les assemblages des moyeux et des essieux sont faits carrément ; l'essieu étant forgé carré à son extrémité, et le moyeu alésé de même, le tout est retenu en place par une clavette verticale. Mais cet assemblage est beaucoup moins aisé que celui que nous avons décrit, et lorsque les roues cassent, ce qui leur arrive bien plus souvent qu'aux essieux, il devient difficile de les arracher pour les remplacer par des roues neuves.

Boîtes. — La forme des boîtes interposées entre l'essieu et le waggon, a été l'objet de plusieurs perfectionnemens. Aux environs de Newcastle, les boîtes des waggons destinées au transport de la houille ressemblent aux coussinets ordinaires des arbres de rotation dans les usines, en supposant ces coussinets renversés. (*Voy*. la *fig*. 23). Ces boîtes sont en fonte, la partie qui est en contact avec l'essieu est alésée, et deux pates qu'elles portent servent à les fixer par le moyen de deux boulons aux traverses du fond des waggons. On les enduit d'une graisse noire dont voici la composition:

Suif, 45 kil.
Goudron, 4^k, 5.
Huile de poisson, 9 litres.

La boîte étant ainsi graissée et mise en place, on renouvelle le graissage au moyen d'une brosse qu'on trempe dans une dissolution de cette graisse, et qu'on frotte contre le dessous de l'essieu qui est entièrement nu. Ce mode de renouvellement du graissage consomme beaucoup d'enduit liquide. Sur le chemin de Saint-Etienne à la Loire, où l'on emploie ce genre de boîtes, on a garni le dessous de l'essieu d'une petite pièce de bois demi-circulaire que l'on réunit par des boulons à la partie supérieure de la boîte. Lorsqu'on veut graisser, on détache cette petite pièce, et on applique l'enduit gras sur l'essieu. Puis on remet en place la pièce de bois qui s'imprègne de cet enduit et l'empêche de se perdre trop vite.

Les dimensions données dans la *fig*. 23 sont

conformes aux dimensions des boîtes anglaises. Un waggon, ayant ses quatre boîtes graissées suivant le dernier moyen que nous venons d'indiquer, peut parcourir une centaine de kilomètres sans renouvellement de graisse. La dépense revient à un demi-centime par kilomètre environ ; mais ce système exige assez de temps pour le graissage, et cette perte de temps est un inconvénient grave pour le service ; c'est pour cela qu'à Newcastle on continue à graisser avec l'enduit liquide.

Les boîtes étant ainsi fixées invariablement aux traverses du fond de waggon, l'essieu qui les porte ne peut que glisser dans ces boîtes, suivant une direction perpendiculaire à l'axe du chemin, de sorte que les deux essieux restent toujours exactement parallèles. Ce parallélisme absolu n'est pas sans inconvéniens dans les courbes, parce qu'alors les rebords des roues se trouvent frotter singulièrement contre le rail et augmentent sensiblement l'effort nécessaire à la traction, alors même que ces courbes sont très-développées. Nous analyserons plus loin les causes de cette augmentation de résistance dans les courbes.

Dans le but de remédier à cet inconvénient, on a cherché à donner à l'essieu quelque facilité pour se diriger normalement à la courbe qu'il parcourt. Pour cela, on a imaginé de séparer les boîtes mêmes de la caisse du chariot, et de les maintenir en place au moyen de deux oreilles en fonte réunie sur une pièce plate qu'on fixe contre les traverses du fond du waggon. Cette disposition est représentée *fig.* 11. On voit de plus dans la figure que l'essieu est garni de deux rondelles fixes, dont chacune est placée à une distance de la roue sensiblement égale à la longueur de la boîte. Celle-ci se trouve donc ainsi prise entre la rondelle et la saillie du moyeu, et sa partie supérieure, qui est en fonte, étant solidement réunie par de petits boulons à la partie inférieure qui est en bois généralement, la boîte se trouve envclopper l'essieu sans pouvoir s'échapper, quoiqu'elle ne soit pas fixée au cadre même du waggon. Maintenant, pour que l'essieu puisse prendre quelque mouvement en arrière ou en avant, on laisse un jeu de 2 millim. au plus entre les côtés de la boîte et les oreilles en fonte du support fixé au chariot. De cette manière, en ayant soin de graisser le dessus de la boîte et le dessous de la pièce contre lequel il porte, la boîte et l'essieu peuvent se mouvoir d'une certaine quantité lorsque le waggon passe dans des courbes. Mais une plus grande étendue de mouvement rendrait la marche du waggon trop incertaine, et per-

mettrait à l'essieu de sortir trop facilement de
la voie.

D'après cette disposition des boîtes, il est
difficile de se servir de matière solide pour
leur graissage. Car il serait impossible de répartir cette matière sur la surface intérieure
de la boîte, sans démonter celle-ci entièrement. Le graissage se fait donc avec de l'huile
que l'on introduit par deux ouvertures pratiquées sur le dessus de la boîte, l'une près de la
roue, l'autre placée à l'autre extrémité. Ces ouvertures sont toujours libres : car le support
en fonte, interposé entre la caisse et la boîte,
ne porte que sur la partie de la boîte comprise
entre ces ouvertures, et il ne peut s'écarter
de cette position, étant fixé au cadre du chariot. Au moyen de cannelures pratiquées à
l'intérieur de chaque boîte, l'huile introduite
se répartit sur toute la surface frottante de
l'essieu. De plus, la partie hémisphérique en
bois, qui se trouve en dessous, s'imprègne
d'huile, et en retient à sa surface une certaine
quantité qui rafraîchit le graissage de l'essieu
en mouvement. Avec ce système de boîtes un
essieu ne peut faire plus de 15 à 16,000 mètres
sans que l'on verse de nouvelle huile. Comme cette opération prend toujours assez de
temps lorsqu'elle doit être répétée pour cent
ou deux cents chariots, on a cherché à dispo-

ser dans les boîtes même des espèces de réservoirs qui puissent verser continuellement de l'huile sur l'essieu.

A cet effet, sur le chemin de Saint-Etienne à Lyon, la partie inférieure des boîtes que je viens de décrire est remplacée par une caisse en tôle qui porte dans sa longueur un petit cylindre de bois frottant contre l'essieu (voy. la *fig*. 22). On verse de l'huile dans cette caisse par un trou latéral, et l'on s'arrête à une mesure telle que le petit cylindre ne soit qu'au quart plongé dans l'huile. Ceci fait, dès que le gros essieu commence à tourner, il fait tourner le petit cylindre, qui trempe successivement toutes ses parties dans l'huile, et dépose celle-ci contre l'essieu. Ce mode d'huilage demande des précautions particulières. Il faut que le contact du petit cylindre et de l'essieu ne soit ni trop fort, ce qui l'userait rapidement, ni trop faible, ce qui empêcherait le graissage. Mais lorsque ces précautions sont prises d'une manière convenable, lorsque le trou latéral est fermé de manière à ne permettre l'introduction d'aucune poussière, les waggons, armés de ce système de boîtes, peuvent faire jusqu'à 100 et 200 kil. sans renouvellement d'huile.

Ces boîtes ont 20 centimètres de longueur,

ce qui leur donne une surface de contact assez étendue avec l'essieu.

Avec des boîtes semblables, des roues et des essieux semblables à ceux que nous avons décrits, on trouve que la résistance à la traction sur un chemin horizontal est environ $\frac{1}{200}$ du poids transporté. Ainsi, pour entraîner un poids de 200 kilogr., il faudra un effort égal à un kilogramme.

Au chemin de Manchester à Liverpool, on a adopté une disposition différente pour graisser l'essieu d'une manière continue. La partie supérieure de la boîte porte une petite caisse en fonte percée d'un trou qui est directement au-dessus de l'essieu. Dans cette caisse se met une autre petite caisse de fer-blanc qui se remplit d'huile et qui porte au milieu un petit tuyau cylindrique soudé à son fond et correspondant au trou de la boîte. Ce petit tuyau est rempli de mèches de coton qui plongent dans l'huile, la pompent par l'effet de la capillarité et la font tomber goutte à goutte et régulièrement sur l'essieu. Une boîte, ainsi composée, est assez haute ; mais elle est équilibrée en partie par un réservoir en fonte placé au-dessous pour recueillir l'huile qui tombe de l'essieu. De plus, elle est fixée par sa partie supérieure au cadre du chariot, ou plutôt à un des quatre ressorts en feuilles sur lesquels porte ce cadre. Ces ressorts rendent le mouvement plus doux , et , comme ils admettent une certaine latitude d'oscillation dans les mouvemens de la caisse , ils se prêtent suffisamment au mouvement des essieux dans les courbes. (*Voyez la fig.* 24.)

Une particularité que présente la disposition des boîtes que nous venons de décrire, c'est qu'elles sont placées à l'extérieur des roues , sur un prolongement correspondant de l'essieu. Cette invention facilite singulièrement toutes les opérations nécessaires au graissage des boîtes. Elle présente , sous ce rapport, un grand avantage , et par suite de cette disposition, on a pu même revenir pour le graissage au système des enduits gras qui se perdent moins que l'huile, et se posent directement sur l'essieu. En outre, cette disposition a permis de diminuer fortement le diamètre de l'essieu sur les points où porte la boîte , et une réduction semblable est très-avantageuse comme nous l'avons vu pour diminuer la valeur absolue de la résistance due au frottement. Elle serait tout-à-fait impraticable quand les boîtes sont placées en dedans des roues : car l'essieu , se trouvant ainsi diminué à ses deux points d'appui, ne présenterait ni assez de rigidité pour résister à la torsion , ni assez de solidité pour résister au moindre choc.

A Manchester, les parties saillantes des essieux, sur lesquelles portent les boîtes, n'ont guères que 3 cent. de diamètre, tandis que les essieux ordinaires présentent toujours sur ces points au moins 7 cent. Seulement on a soin de *tremper en paquet* ces bouts d'essieux pour les aciérer et les empêcher de s'user trop rapidement. L'essieu étant réduit de moitié à son contact avec la boîte, le calcul indique que le frottement à sa surface est réduit de moitié, mais il ne s'en suit pas que la valeur totale de la résistance à la traction soit réduite de moitié également, puisqu'elle est influencée par d'autres causes, telles qu'une petite négligence dans le graissage, et surtout l'état plus ou moins propre des rails. De plus, les bouts d'essieux, ainsi réduits, ne résisteraient pas long-temps à la vitesse ordinaire au chemin de Liverpool, si la caisse du chariot ne portait pas sur des ressorts. La confection de ces ressorts produit un excédant de dépense de 300 fr. dans la construction des waggons, et c'est ce qui empêchera ce système d'être appliqué sur toute espèce de chemin de fer. Les ingénieurs du chemin de Liverpool ont évalué à $\frac{1}{240}$ du poids transporté, le frottement de chaque waggon ainsi réduit au moyen des petits essieux et des ressorts. Suivant cette estime, il y aurait diminution de $\frac{1}{5}$ sur le frottement ordinaire, qui est évalué au $\frac{1}{300}$ du poids, comme nous l'avons vu.

Les boîtes du chemin de Liverpool n'ont qu'un décimètre environ de longueur, et telle est aussi la dimension des boutons d'essieux qui les portent.

Caisse des Waggons. La forme de la caisse des waggons varie suivant le genre de marchandise qu'ils doivent porter. Le fond est composé de deux sablières placées parallèlement à l'axe du chemin, et réunies par quatre traverses. (voyez les *fig.* 20 et 21.) Les bouts de ces sablières sont renforcées de faux-bouts en bois (*fig.* 21), de manière à présenter une large surface pour résister aux chocs qui résultent du heurtement des waggons entre eux dans le mouvement. Car ces waggons sont réunis généralement par des chaînes d'un pied, de sorte que, pendant qu'ils marchent, ils s'approchent ou s'éloignent de cette quantité.

Ce mode d'accrochage a du reste un grand avantage: il permet d'assembler et de désassembler les waggons avec une grande facilité; et, de plus, il laisse chaque waggon libre de ses mouvemens pendant que le convoi marche, de sorte que, si un waggon sort de la voie, il n'entraîne pas immédiatement celui qui le suit. Avec des liens rigides, des bielles en fer, comme

on l'avait essayé d'abord sur plusieurs chemins, la rencontre brusque de deux waggons
réunis, avec deux autres waggons réunis séparément, suffisait pour forcer les bielles assem-
blées, et démontait les pates en fer, dans lesquelles elles étaient prises : de là des réparations continuelles. Lorsqu'il arrivait qu'un
convoi lancé avec vitesse vînt heurter contre
un convoi arrêté ou marchant moins rapidement, les accidens devenaient terribles; car, la
vitesse du convoi heurtant ne pouvant se communiquer immédiatement à tout le second
convoi, l'effort du choc portait tout entier
sur les premiers chariots qui étaient mis en
pièces. Avec les chaînes, au contraire, le choc
du convoi heurtant pousse successivement
chaque waggon contre le suivant, comme une
bille qui en rencontre plusieurs autres juxta-
posées, et la vitesse se communique ainsi à
toute la masse stationnaire.

Les accidens semblables nuisent encore bien
plus par le trouble qu'ils apportent dans la
continuité du service que par la valeur du dé-
gât qui en résulte, et la crainte de les voir se
renouveler fait une nécessité de l'emploi des
chaînes pour l'accouplement des chariots.

La *fig.* 20 représente un waggon destiné au
transport du charbon. Il est évasé à la partie
supérieure et rétréci vers le fond. Ce fond est

fermé par une soupape qui tourne autour d'une charnière, de manière à permettre de vider facilement ce qui est contenu dans la caisse. Cette soupape est formée d'un double platelage en sapin soutenu par deux barres de fer garnies d'agrafes, qui viennent se placer dans des pitons fixés sur une des sablières du chariot (*fig.* 22). En Angleterre, ces agrafes sont retenues en place par des clavettes qu'on fixe dans des ouvertures portées par les pitons; ces clavettes sont d'ailleurs attachées à la caisse par des chaînettes de fer. En France, où les ouvriers sont moins soigneux, on a trouvé, par expérience, que ces clavettes se perdaient facilement, parce que les hommes occupés au déchargement cassaient les chaînettes à la moindre difficulté qu'ils éprouvaient pour les retirer. On a donc substitué à ces clavettes une espèce de long crochet qui vient se placer latéralement contre les agrafes, et qui se fixe par sa partie recourbée dans un piton fixé contre la sablière. (*fig.* 22).

La charpente de ces waggons est formée de pièces en chêne qu'on recouvre de planches de peuplier ou de sapin. En Angleterre, on a fait aussi des caisses de waggons en tôle assemblée et rivée comme pour les chaudières à vapeur; mais on a renoncé presque entièrement à ce système, par la raison que, lorsque la tôle s'use et se troue, les réparations deviennent trop coûteuses. Ces waggons en tôle sont utiles, cependant, lorsque la matière portée est susceptible de brûler ; ainsi, on les emploie avec succès pour le transport des scories de forge et de la chaux vive.

Un chariot de la grandeur ordinaire, représenté dans la *fig.* 20, peut porter 3.000 kil. de charbon, une partie de ce charbon s'élevant plus haut que le dessus de la caisse.

Les points où l'on veut décharger sont établis sur des charpentes en bois assez élevées, que l'on appelle *estacades*, par leur ressemblance avec les constructions de ce nom qu'on voit dans les ports de mer. Entre deux fermes consécutives de ces estacades, on place des trappes mobiles que l'on enlève lorsqu'un chariot doit y être déchargé ; puis on amène celui-ci, on ouvre la soupape qui ferme la caisse, et le charbon tombe sur le sol, où il est emmagasiné pour la vente sur place, ou rechargé sur des tombereaux pour la vente à domicile.

Ce mode de déchargement est simple, peu dispendieux, et s'exécute assez bien quand le charbon est sec. Mais quand celui-ci est mouillé, il se prend en une masse compacte, par suite du tassement qu'il éprouve dans le transport, adhère aux planches du waggon, et glisse difficilement. Alors, ce n'est qu'à l'aide de coups de maillet fortement appliqués sur les côtés qu'on parvient à vider la caisse, et ces coups de maillet tendent à détruire tout l'assemblage de la charpente du waggon. On a bien cherché à donner plus d'inclinaison aux côtés de la caisse pour faciliter le glissement ; mais alors elle se trouve trop retrécie et ne peut plus contenir la même quantité de matière, à moins d'élever davantage ces côtés, ce qui augmente son poids.

On a essayé aussi de changer la forme de ces caisses et ce mode de déchargement. Ainsi, au chemin de Manchester à Liverpool, on s'est servi pendant un temps de caisses mobiles qui se plaçaient sur un cadre fixe porté par les roues (*fig.* 24). Au point de déchargement, on faisait glisser ces caisses, au moyen de roulettes, du cadre sur le tombereau qui transportait le charbon à domicile. Mais cette manœuvre était lente, elle exigeait assez de bras, et, en définitive, la compagnie de ce chemin a repris pour les charbons qu'elle porte le système de waggons ordinaires à fond mobile. Un autre moyen consisterait à employer pour le transport du charbon les chariots qui servent au transport des déblais dans la confection des chemins de fer. Ces chariots sont composés d'un cadre assez étroit, portant sur

quatre roues, et d'une longue caisse qui est
ouverte par une extrémité, et peut basculer
autour d'un axe en fer placé sur le cadre.
(*Voy*. la *fig.* 25). La figure uniforme des parois
de cette caisse permet de la décharger aisément, et ainsi l'on éviterait toute la détérioration du matériel, provenant des coups
appliqués sur les côtés du waggon. Mais, si
l'on unit plusieurs de ces chariots à bascule
ensemble et qu'on les entraîne avec la vitesse
ordinaire sur les chemins de fer, il en résultera des chocs qui porteront sur l'extrémité
des caisses et les briseront rapidement, d'autant plus que ces caisses doivent être assez légères pour que leur partie en saillie n'entraîne
pas le reste du chariot. Si l'on voulait renfor-
cer les extrémités des caisses pour les assurer
contre les chocs, il faudrait donner à toutes
les pièces du système une force telle que le
chariot deviendrait trop pesant.

En définitive la forme employée généralement pour les waggons à charbon, est jusqu'à
présent la forme la plus convenable pour le
transport de tous les objets qui se déchargent
en masse et qui peuvent se vider par le fond
de la caisse sans inconvénient. Pour les autres
marchandises, telles que le fer, le bois, les
balles de coton, la pierre de taille, on emploie
des cadres plats semblables au chariot de la

fig. 24, et dont les sablières ne sont guères plus longues que celles des waggons ordinaires. L'entre-deux est relié par plusieurs traverses, et couvert d'un platelage en bois. Lorsque les pièces à transporter sont très-longues, comme il arrive souvent pour le fer, et surtout pour les bois en grume, il faut allonger sensiblement ces cadres. Autrement, s'il s'en trouvait ensemble deux de la dimension ordinaire des waggons, leurs charges s'entre-mêleraient, et, dans les courbes où chaque chariot doit se mouvoir indépendamment, les deux cadres se trouvant pris ensemble, et formant une ligne droite rigide, présenteraient de grandes difficultés à la traction. On peut aussi diviser la charge sur deux petits cadres armés d'un pivot mobile à fourchette, sur lequel on place l'avant et l'arrière de ces longues pièces. Ces cadres étant réunis par de longues chaînes, leur passage dans les courbes peut se faire à peu près aussi facilement que celui des waggons ordinaires. Ce genre de chariot est employé sur le chemin de Saint-Étienne à la Loire ; mais il a l'inconvénient de ne s'employer que par couples de deux, et de ne pouvoir s'assembler en convois, de sorte que chaque couple exige un moteur particulier.

En général, on doit observer qu'il est très-

avantageux de n'avoir qu'une même forme de
waggons, et qu'il faut tâcher au moins de ne
pas en avoir une grande variété; car on ne
saurait croire l'embarras qui s'établit dans
les manœuvres des points de chargement,
lorsqu'il faut amener pour une espèce de marchandise un waggon particulier qui peut se
trouver mêlé à d'autres waggons d'une autre
forme. Cette même remarque de la nécessité
de l'uniformité du matériel s'applique à la confection des boîtes, des roues, des essieux, des
pièces d'accouplement, etc. Dès qu'une pièce
casse, il faut qu'elle soit remplacée par une
autre tirée du magasin; et l'on peut concevoir la difficulté qu'entraînent les réparations, si toutes les pièces de même nature ne
sont pas de même calibre.

Les waggons employés sur les chemins des
environs de Newcastle pèsent chacun environ
1,100 et même 1,200 kil. Ils ont une caisse
assez élevée qui tient un chaldron anglais
ou 38 hectolitres ras, de sorte que, la vente
se faisant à la mesure, la dimension de la
caisse permet de vérifier de suite la quantité
transportée. En France, et sur quelques
chemins anglais, la caisse est plus basse, de
manière qu'il y a toujours excédant de chargement au-dessus pour arriver aux 3,000 kil.
que peut porter chaque chariot. Le poids de

ces derniers waggons est de 1,000 kilog. environ, en y comprenant la caisse, l'essieu, les roues. Ceux du chemin de Liverpool vont jusqu'à 1,500 kil., à cause du poids de leurs ressorts. Au chemin de *Brunton and Shields*, près Newcastle, M. Thompson a prétendu trouver une grande économie à faire des chariots de moitié poids et moitié grandeur ; mais, pour un service actif, la multiplication du nombre des chariots est un grave inconvénient par l'encombrement qui en résulte sur les points de chargement, et cet essai n'a pu être fait que sur un chemin de petit tonnage, comme celui de Brunton.

Voitures pour le transport des voyageurs. — Les voitures destinées au transport des voyageurs sont formées d'une caisse divisée en compartimens, et posée sur un cadre de waggon analogue à ceux que nous venons de décrire. Lorsque l'on veut rendre ces voitures fort douces, on les suspend sur des ressorts longitudinaux, fixés soit sur les boîtes comme à Manchester, soit sur les pièces qui maintiennent ces boîtes en place, comme au chemin de Saint-Étienne à Lyon. La caisse peut être divisée en trois compartimens de 6 à 8 places chacun. On peut aussi la faire en forme d'*omnibus;* mais ce mode n'est pas le meilleur pour la distribution des places, à moins que l'on ne

6

puisse s'étendre beaucoup sur les côtés, et établir ainsi trois ou quatre rangs parallèles. On peut aussi, et avec plus de facilité, établir des banquettes sur les impériales des caisses ordinaires et y placer des voyageurs. Comme les essieux et les roues employés sur les chemins de fer sont destinés à porter un poids de 3,000 kil. en sus de la caisse du waggon, et que l'on compte en moyenne qu'il faut 15 personnes pour peser 1,000 kil., on voit que le nombre des voyageurs placés dans une voiture de chemin de fer peut aller sans difficulté jusqu'à 45, en prenant le poids de la caisse de la voiture comme égal à celui de la caisse du waggon, ce qui est sensiblement exact.

Des Freins. Lorsque l'on veut arrêter un ou plusieurs waggons en mouvement, on se sert d'un frein qui agit en frottant contre les roues, et ralentit plus ou moins leur vitesse suivant la force de pression qui lui est appliquée. En Angleterre, chaque chariot a généralement son frein qui consiste, comme on le voit *fig.* 20, en une barre de fer recourbée, armée de deux sabots en bois, et prolongée jusqu'à l'extrémité du chariot. Lorsque le conducteur veut arrêter ou ralentir le mouvement, il appuie sur la queue de ce frein et presse plus ou moins les deux sabots en bois contre les jantes des deux roues, d'avant ou d'arrière. Il créc ainsi un frottement énergique qui ralentit le mouvement. En marche, le frein est soutenu par un petit crochet fixé au waggon, de manière que les deux roues tournent librement.

Les waggons sont ordinairement réunis en convois de dix ou douze au moins, et, sur les pentes ordinaires, il suffit de presser fortement le frein sur les roues de l'un pour arrêter les autres. D'après ce résultat pratique, on a économisé en France ce luxe de freins appliqué à chaque chariot, et l'on s'est contenté de fixer à chaque waggon le petit axe autour duquel tourne le frein. Chaque conducteur, ayant son frein particulier, le place, avant le départ, à l'axe du chariot sur lequel il doit se tenir.

Dans les chemins de fer exécutés jusqu'ici en France, et particulièrement au chemin de St.-Etienne à Lyon, il existe sur des longueurs étendues des pentes assez sensibles pour que les waggons puissent s'y mouvoir par l'action seule de leur poids. Alors ils ont seulement besoin d'un conducteur pour les ralentir, si leur mouvement prend trop d'accélération, ou pour les arrêter aux points de stationnement. Sur ces pentes un homme armé d'un frein tel que ceux que nous venons de le décrire, pourrait retenir seulement quatre ou cinq waggons chargés ; mais, au moyen de freins plus puissans et de cordes disposées comme dans les moufles ordinaires, ce même homme peut conduire et arrêter jusqu'à vingt et vingt-cinq waggons chargés. Pour cela, on place aux axes de deux waggons consécutifs deux freins à queue relevée, disposés en sens inverse l'un de l'autre de manière à ce que les deux courbures se regardent, et réunis par une corde qui fait plusieurs tours dans une petite moufle en cuivre. En tirant à lui ou lâchant la corde qu'il tient dans sa main, l'homme debout sur l'un des waggons ralentit le mouvement du convoi ou le laisse aller librement. Il convient que ces deux waggons soient les premiers du convoi, afin que le conducteur puisse découvrir les obstacles qui pourraient entraver la marche de ses chariots.

Un autre système de freins très-ingénieux a été employé sur une partie du même chemin où la pente est plus rapide, et où un homme, même avec le système précédent, ne peut conduire qu'une huitaine de waggons. Dans cette nouvelle combinaison des freins, on place au premier waggon, qui est en avant, un frein semblable au frein anglais qui est représenté *fig.* 20, et qui est manœuvré par un seul homme; puis, sur deux des waggons les plus proches, sont établis deux petits freins, à queue droite, à courbure opposée, et réunis par une pièce de bois très-solide, dont la longueur est telle que, lorsque la chaîne qui assemble les deux waggons est tendue, les deux petits freins se trouvent droits et ne frottent pas contre les roues. Ensuite on laisse quelques waggons sans freins, puis aux douzième et treizième on place un système semblable de petits freins avec une barre rigide, et enfin on laisse libres les derniers waggons, Ainsi le convoi entier peut s'élever jusqu'à une vingtaine de chariots. Ceci posé, l'homme se place sur le premier waggon, et, s'il tient son frein levé, toutes les roues commencent à tourner par l'effet de la pente, les chaînes des waggons se tendent successivement, et le convoi marche. Si l'homme veut les ralentir, il ferme son frein ; alors le premier waggon se ralentit, et ceux de derrière, ayant encore leur vitesse précédente, se pressent les uns contre les autres, de sorte que les chaînes sont pendantes au lieu d'être tendues. Mais, dès que les chaînes ne sont plus tendues, la tringle en bois, qui réunit chaque couple de petits freins, renverse ceux-ci en arrière, et applique leurs sabots contre les roues, ce qui ralentit peu à peu le mouvement et des waggons qui portent les petits freins, et de ceux qui les suivent. Puis, si l'homme lève son frein, le premier waggon s'accélère peu à peu, les chaînes se tendent et le convoi tout entier s'accélère de nouveau.

Cet ingénieux moyen d'employer la vitesse acquise du convoi à ralentir sa marche, est dû à un mécanicien de Rive-de-Gier. Il ne présente qu'un inconvénient, c'est d'enrayer trop bien, et d'user rapidement la jante des roues par le frottement énergique qu'elles exercent sur le rail. Le système des doubles freins, manœuvrés par un homme, ne présente pas cet inconvénient, et il est d'un usage plus sûr dans la pratique; aussi a-t-on été obligé d'y revenir, même sur ces grandes pentes, à cause de la détérioration rapide des roues.

CHAPITRE III.

Croisemens et Changemens de voie.

Pour dériver d'une voie de chemin de fer une autre voie dirigée vers un point différent, on place au point de déviation deux pièces de fer solidement établies sur de longues pierres; l'une s'appelle l'aiguille, l'autre s'appelle la contre-aiguille; et chacune est établie sur une des lignes de bandes qui forment la voie principale (*fig.* 12). La première est une pièce de fer oblongue, mobile autour d'un pivot en fer. Elle s'applique contre la bande de la voie principale lorsque l'on veut détourner un convoi, ou reste écartée de côté quand cette même voie doit rester libre, *fig.* 13. La contre-aiguille est une plaque en fonte qui porte deux parties saillantes, l'une dirigée dans le sens de la nouvelle direction, l'autre dans le sens de la première voie (*voy. fig.*, 14); mais celle-ci n'est pas continue, et laisse un certain intervalle vide jusqu'au commencement de l'autre tranche saillante. Ce vide est nécessaire pour le passage du rebord latéral des roues du chariot, quand celui-ci doit sortir de la voie ordinaire et prendre la voie d'embranchement. Lorsque l'aiguille est appliquée contre le rail de la voie principale, le rebord de la roue placée de ce côté rencontre l'extrémité de l'aiguille, et se détourne de sa première direction : comme il n'existe de l'autre côté aucun obstacle à cette déviation, à cause du vide laissé pour le passage du rebord de l'autre roue, le premier essieu se trouve dévié ; le reste du chariot suit et passe sur la nouvelle branche établie en prolongement de ces deux premières pièces.

Une ligne de cette branche doit encore rencontrer la voie principale, comme on le voit, si l'on se porte à la *fig.* 12. Ce croisement doit être effectué au moyen d'une pièce telle, qu'elle laisse une complète liberté aux cha-

riots qui suivent la voie principale. Cette pièce
s'appelle un *cœur*, en termes de chemin de fer :
elle est représentée *fig.* 15. Comme les parties
saillantes que suit la roue en la parcourant
doivent être interrompues pour le croisement
des voies, à ce point de croisement, le rebord
de la roue n'est plus retenu latéralement, et
rien n'empêche que le chariot ne sorte de la
voie. Une invention fort simple empêche cette
déviation. A 3 centimètres environ de la barre
opposée au cœur sur la seconde voie, on pose
une bande de fer d'environ 1 mètre 50 cent.
et on la réunit très-solidement à la barre de
la voie (*fig.* 12), au moyen de deux chairs
doubles qui les embrassent l'une et l'autre.
Cette bande additionnelle est courbée à ses
deux extrémités de manière à guider l'oreille
de la roue qui passe de ce côté, et à la serrer
près de la bande de la voie. Ainsi guidée à
la fois par la bande de la voie et par la bande
additionnelle, cette roue ne peut donc pas
s'écarter de la direction voulue, et la marche du waggon est assurée, sans que l'autre
roue soit guidée en aucune manière. Autrefois on avait cru pouvoir se dispenser de
ces bouts de rails additionnels, en armant les
cœurs de rebords latéraux disposés de façon à
repousser les roues dans la direction qu'elles
devaient prendre. Mais ces rebords n'agissaient

que par choc, s'usaient rapidement, et alors ils n'empêchaient plus les accidens des déviations.

Lorsque l'aiguille est ouverte, les chariots suivent la voie principale, mais ils ne sont pas guidés dans leur marche, du côté de la contre-aiguille (*voy*. la *fig*. 12); et ils pourraient se dévier de la voie à cause de l'espace vide laissé sur cette pièce, si leur autre roue n'était pas guidée par la face intérieure de l'aiguille qui est forgée en biseau et s'appuie contre un obstacle fixe, quand elle est ouverte (*fig*. 13). Cette face intérieure de l'aiguille prend l'oreille de la roue à son entrée dans les pièces de croisement, et la fait glisser en la repoussant en dehors, jusqu'au point du plus grand resserrement, qui laisse ordinairement 3 cent. de jeu. Quant au passage du chariot sur le cœur, il est assuré pour la voie principale comme pour la voie d'embranchement, au moyen d'un bout de rail auxiliaire placé en face du cœur, ainsi que nous l'avons expliqué.

Lorsque le passage des chariots, allant ou revenant, doit s'effectuer toujours dans le même sens, on arme l'aiguille d'un ressort qui la tient soit fermée, soit ouverte. La force de ce ressort est calculée de manière à pouvoir céder à la pression du rebord de la roue de s chariots, qui ferme l'aiguille pour passer dans la direction voulue.

Pour rentrer dans la voie principale, on se sert des mêmes pièces que pour en sortir. Ces changemens de voie sont fréquens sur les chemins de fer à une seule ligne. Sur le chemin de Darlington à Stockton, qui n'a qu'une voie, il existe des gares semblables de huit cents mètres en huit cents mètres, pour permettre le croisement des convois qui se dirigent-dans un sens ou dans l'autre.

Souvent deux voies se soudent en une : c'est ce qui arrive par exemple au passage des percemens que l'économie a obligé de pratiquer à une seule voie. S'il existe sur ce point une inclinaison assez forte pour que le mouvement des waggons soit plus rapide dans un sens que dans l'autre, il est utile de disposer les changemens de voie de telle manière, que le convoi descendant suive la voie principale et trouve l'aiguille ouverte au moyen d'un ressort ; car si ce convoi doit prendre la voie d'embranchement, étant ainsi lancé à la descente, son changement de voie ne pourra se faire sans une suite de petits chocs qui détruisent l'aiguille promptement, quand même elle est maintenue par un ressort ; ou au moins ces secousses feront baisser la pierre qui porte cette aiguille, et empêcheront celle-ci de pouvoir opérer la déviation des chariots. En tenant ainsi les ai-guilles soit ouvertes, soit fermées, au moyen d'un ressort, suivant le sens du mouvement, on évite beaucoup d'accidens.

Je ne puis trop rappeler que les changemens de voie doivent être pris sur un angle très-ou-vert, pour ménager les roues et les boîtes des waggons ainsi que les pièces de croisemens. L'importance de cette recommandation sera fa-cilement sentie, pour peu qu'on se rappelle la forme symétrique des waggons employés sur les chemins de fer. La longueur des croise-mens doit être au moins de 10 mèt. de l'ai-guille au cœur. La distance de ces deux pièces est même de 20 mètres aux changemens de voie ordinaires sur le chemin de Manchester et sur celui de Lyon. On conçoit que, pour un même chemin, cette longueur doit être à peu près constante ; car c'est elle qui règle l'angle de rencontre des deux voies, ainsi que le panneau suivant lequel doivent être fabri-quées les pièces de croisement, et, comme éco-nomie, il est important que ces pièces soient à peu près semblables, pour que l'une puisse remplacer l'autre ; mais souvent aussi des cir-constances de localités forcent de diminuer l'é-tendue du croisement.

A Sunderland, beaucoup de petits chemins

de fer consacrés au service des exploitations
de houille présentent des changemens de voie
assez raides. On a remédié à cet inconvénient,
qui fatigue les aiguilles et gêne le mouvement,
en remplaçant le système ordinaire des aiguilles en fer par une invention particulière.
Au point de déviation sont placées, l'une vis-
à-vis de l'autre, deux pièces en fonte de la
même forme que celles que nous avons désignées par le nom de contre-aiguilles, et sur
l'une d'elles pivote une pièce de bois, longue
de 1^m,5o, et haute d'un décimètre, qui prend la
roue par sa face intérieure, et la force d'entrer dans la seconde voie (*voyez* la *fig.* 17).
Cette aiguille de bois a son point d'appui placé
en i, et est maintenue en place par un contre-
poids p; la *fig.* 17 montre suffisamment le
jeu de cette pièce. Quand les chariots suivent
la voie de A en B, direction de la mine au
point d'embarquement, la roue qui suit la
bande pousse cette aiguille qui cède, et elle
passe sans difficulté. Au retour des chariots,
l'aiguille en bois prend la face intérieure de
la première roue ; le reste du chariot suit et
prend la nouvelle voie. Ce mode de croisement est extrêmement sûr; mais il faut que
l'épaisseur de l'aiguille en bois puisse se placer
entre les deux voies, et cette aiguille, pour
être assez forte, doit avoir au moins 3 pouces

d'épaisseur ; ceci exige que l'embranchement soit pris sur un angle peu ouvert, ce qui est un inconvénient grave pour la durée des waggons.

Construction des Aiguilles, Contre-Aiguilles, Cœurs, etc. Les changemens de voie occasionant toujours des chocs plus ou moins sensibles, il est très-important que les pièces qui servent à cet objet soient établies solidement, et unies d'une manière invariable avec les rails auxquels elles correspondent. Pour y parvenir, sur la pierre même qui porte chaque pièce de croisement, on établit des chairs doubles, dans lesquels viennent se placer les extrémités de ces rails, qu'on y fixe avec un coin de chêne comme à l'ordinaire. Il faut un soin particulier pour que l'entrée de ces doubles chairs corresponde parfaitement à la direction du rail qui doit s'y placer, et une faute dans ce raccordement peut devenir la cause d'accidens fâcheux.

L'aiguille est soutenue dans son mouvement par deux ou trois petites plaques de fonte, et ces plaques tiennent à des chairs qui portent la barre contre laquelle l'aiguille vient s'appliquer. (*fig.* 13).

Dans les localités où les pierres de taille sont rares, on place les pièces de croisement sur des blocs de bois ; mais ce mode est vicieux, parce que le bois mal recouvert de terre pourrit assez promptement. Au chemin d'Andrezieux à Roanne, où l'on se trouvait dans une position semblable, on a jugé plus avantagenx de supprimer toutes les pièces de fonte dans les croisemens, et de les remplacer par des bouts de rails posés sur des dés comme à l'ordinaire.

Ainsi pour l'aiguille, les chairs où se place la barre de la voie principale, et qui portent en même temps le pivot et le corps de l'aiguille, sont fixés simplement sur des dés, au lieu de porter sur une longue pierre. La contre-aiguille est remplacée par une aiguille, inverse comme forme et comme usage de l'aiguille proprement dite ; car elle prend la roue en dedans, tandis que l'autre aiguille la prend en dehors ; elle est fixée de même sur des dés, et reliée à la première par une tige en fer, de sorte qu'en déplaçant l'une, on déplace l'autre également. Ce système de contre-aiguille est en usage en Angleterre sur plusieurs chemins de fer : mais les deux aiguilles y sont généralement séparées ; ce qui cause une perte de temps. D'un autre côté, lorsque les deux aiguilles sont ainsi liées ensemble, leur déplacement peut devenir difficile pour peu qu'elles frottent contre terre. Enfin le cœur, qui est la pièce la plus lourde des croisemens, est remplacé par deux bouts de rails, soudés en pointe, et établis sur des dés portant des doubles chairs qui maintiennent les deux bouts de rails à la fois.

Ce système présente quelque économie de premier établissement, mais il semble moins solide que celui des plaques de fonte posant sur de longues pierres, et il peut entraîner des frais d'entretien assez sensibles. On peut voir le détail du prix d'un croissement complet exécuté à la manière ordinaire, dans la note C, à la fin de cet ouvrage.

A Liverpool, au point de chargement du chemin de fer, il existe un autre système de changement de voie qui mérite d'être indiqué; car il est indépendant de toutes les pièces que nous venons de décrire. Ces pièces sont remplacées par des rails mobiles, que des tiges en fer, placées sous terre, réunissent à un excentrique placé sur le côté du chemin, et il suffit de faire mouvoir cet excentrique dans un sens ou dans un autre, pour porter ces rails mobiles, soit sur la ligne principale, soit sur la ligne d'embranchement. Cette invention, qui paraît simple au premier coup d'œil, exige plus de temps pour sa manœuvre que n'en demande le déplacement d'une aiguille, dans le système ordinaire. Aussi n'est-elle applicable que sur des points de chargement où la rencontre d'un grand nombre de voies rendrait le nombre des pièces de croisement trop considérable : d'ailleurs sur ces points où règne une grande activité, il se trouve toujours des gardes pour surveiller le service, et ces hommes peuvent être employés aussi à exécuter la manœuvre exigée par ce genre de croisement.

Plateaux tournans. — Tous les changemens de voie, tous les embranchemens qui se prennent sur la ligne principale dans l'étendue consacrée à la circulation active des waggons, doivent être nécessairement tracés sur des angles assez ouverts, afin d'éviter tout retard dans la rapidité du service principal. Mais, dans les parties extrêmes de la ligne où la marchandise doit être chargée ou déchargée, il faut une grande multiplication de voies pour rendre les convois aux différens points où doivent s'exécuter ces opérations. Alors, souvent l'espace manque pour pouvoir donner un angle assez doux aux embranchemens. Souvent même il faut que les chariots soient portés dans une direction perpendiculaire à la voie principale. C'est ce qui s'effectue au moyen de *plateaux tournans* circulaires (*fig.* 19). Ces plateaux portent au milieu un axe qui tourne dans une crapaudine noyée en terre, et ils sont soutenus sur quatre roulettes en fonte qui se meuvent sur une bande de fer circulaire placée au-dessous d'eux. Ils sont établis au milieu de la voie, et garnis de bouts de rails qui font suite aux rails ordinaires. Quand un waggon a été amené sur ces bouts de rails, deux ou trois hommes tournent le plateau, soit au moyen de bâtons enfilés dans une boucle fixée sur le plateau même, soit en poussant latéralement le waggon s'il est plein, et ils s'arrêtent lorsque les bouts de bandes du plateau coïncident avec les bandes de la nouvelle voie où le waggon doit entrer. Il faut que la coïncidence des bouts de rails du plateau et des bandes de la voie soit assez exacte, pour que le waggon ne s'échappe pas en passant du plateau sur la voie et réciproquement, et cette exactitude dépend du centrage de l'axe du plateau. Ce centrage se règle ordinairement au moyen de vis de pression fixées sur le cadre qui porte l'axe et la bande des roulettes. Quelquefois aussi on fait l'axe très-fort et beaucoup plus long; alors on ménage des membrures au plateau s'il est en fonte, et en assujettissant l'axe dans sa crapaudine et le réglant par des vis de pression, on se dispense de roulettes. Ces derniers plateaux sont beaucoup plus solides et n'ont aucun mouvement d'oscillation latérale, mais ils sont beaucoup plus chers que les précédens.

Plateaux roulans. Sur les points de chargement, l'espace manque souvent pour passer d'une voie dans une autre située parallèlement ; car la distance de l'aiguille au cœur étant de 10 mètres au moins pour un croisement ordinaire, il faut nécessairement 20 mètres pour l'étendue totale du croisement, et ces 20 mètres doivent rester toujours libres : ce qui est souvent impossible sur un point de chargement encombré de waggons. L'invention des plateaux roulans remédie à cet inconvénient. On désigne ainsi (*fig.* 18) des plateaux rectangulaires qui portent à leur surface supérieure des rails dirigés dans le sens des deux voies, et qui, au moyen de roulettes, se meuvent sur deux rangs de bandes de fer, perpendiculaires à la direction des deux voies, et traversant l'une et l'autre. Les rails supérieurs du plateau étant au niveau des bandes des deux voies parallèles, lorsqu'on veut changer un waggon de voie, on le pousse sur le plateau ; puis on tire celui-ci avec une corde, et on l'arrête lorsque les rails qu'il porte se trouvent coïncider avec les rails de la deuxième voie. Alors on pousse le waggon sur cette voie, et l'on ramène le plateau à sa place. Quand le waggon est vide, il ne faut qu'un homme pour opérer ce mouvement.

CHAPITRE IV.

Des moyens de Chargement et de Déchargement.

Comme le nombre des waggons d'un chemin de fer est toujours limité, comme la distribution des convois sur les points de chargement et de déchargement est toujours assez difficile, il est d'une importance extrême que les marchandises puissent être chargées et déchargées avec promptitude, pour que les waggons stationnent le moins possible sur ces points où ils restent sans rien produire. Pour obtenir ce résultat, il faut, 1°. que les marchandises soient, autant que possible, faciles à charger et à décharger ; 2°. qu'elles soient expédiées en grandes quantités pour éviter les manœuvres des différentes sortes de waggons propres à chaque espèce de marchandises qu'on doit transporter ; 3°. que les points de chargement et de déchargement soient pourvus de machines convenables pour faciliter ces deux opérations.

Les divers genres de transport qui peuvent donner lieu à l'établissement d'un chemin en fer peuvent se classer dans l'ordre suivant, d'après la facilité qu'ils présentent pour être chargés et déchargés.

1º. Les voyageurs, ils se chargent et déchargent seuls.

2º. Le charbon de terre, qui se charge et se décharge facilement.

3º. La pierre à chaux, qui est dans le même cas pour le chargement, mais dont les angles plus durs détériorent les waggons dans le déchargement.

4º. Les balles de coton ou les sacs de blé.

5º. Les fers, la fonte, la pierre de taille, les briques, et autres matières qui demandent plus de temps, pour être placées et déplacées, soit par le poids de leurs masses, soit par leur forme encombrante.

Le charbon de terre étant expédié en grandes quantités, son chargement peut fournir un travail à peu près régulier à un nombre déterminé d'hommes qui, pour un prix assez modéré, le portent dans des sacs, du lieu où il est entreposé jusqu'aux waggons qui doivent le recevoir. Mais il est plus avantageux pour les exploitations houillères de diriger, lorsqu'elles le peuvent, un embranchement de chemin de fer depuis la voie principale jusqu'à leurs puits d'extraction. En élevant convenablement l'orifice de ces puits, la houille extraite se verse directement, au moyen de couloirs en planches, dans le waggon placé au-dessous : ce qui évite, pour ainsi dire, tous les frais de main-d'œuvre nécessaires pour le chargement. On a même perfectionné cette invention en Angleterre, et on en a profité pour séparer les diverses qualités de charbons à l'aide de grilles placées sur les couloirs. Cette séparation s'exécute encore chez nous par un triage à la main, et exige beaucoup de temps et de soin, ce qui la rend très-coûteuse ; cependant on ne peut se dispenser de cette opération ; car il existe une différence marquée dans la valeur vénale du charbon extrait d'une même mine, suivant qu'il est en gros morceaux ou en morceaux très-petits. Cette différence de prix tient en partie à ce que le gros charbon est moins mêlé de terre et de matières étrangères que le petit, qu'on désigne sous le nom de menu, et conséquemment, il présente plus de sécurité à l'acheteur. A Saint-Etienne, les 100 kil. de gros charbon coûtent de 1 fr. 50 à 2 fr., tandis que le menu ne se vend guères que 4 à 5 sous le même poids.

D'après l'importance attachée par l'acheteur à la dimension des morceaux, on doit ménager le charbon dans les diverses manutentions qu'il subit pendant son transport depuis le lieu d'extraction jusqu'au lieu où il doit être vendu. Ainsi, lorsqu'il est transporté par un chemin de fer de la mine jusqu'à une rivière ou jusqu'à la mer où il est embarqué, il doit être déchargé aussi doucement que possible du waggon dans l'embarcation qui doit le recevoir.

Cette opération présente quelques difficultés, à cause de l'élévation que les chemins de fer doivent avoir sur ces points d'embarquement, pour se trouver hors de l'atteinte des hautes eaux. Lorsque le charbon est en petits morceaux, et qu'il ne craint pas extrêmement le brisage, on se contente d'établir sous la trappe de l'estacade où aboutit le chemin de fer, un couloir incliné en planches qui dirige le charbon dans le bateau. Pour le charbon de gros échantillon qui demande plus de soins, on établit sur le bord même du rivage une espèce de bascule ou de bras de levier dont l'extrémité supérieure porte un cadre en bois assez solide pour recevoir le waggon, et qui est chargé à l'autre extrémité d'un fort contre-poids. La *fig.* 30 présente le dessin d'une bascule semblable, établie à un des points de déchargement du port de Sunderland. Un double frein circulaire, en bois frottant contre bois, sert à ralentir la descente du waggon jusqu'au point où on veut l'arrêter et le vider; et le contre-poids est calculé de telle manière, qu'il suffit de desserrer les freins pour que le waggon vide se trouve remonter seul au niveau du chemin de fer. Lorsque le plateau est remonté, on le fixe au moyen d'un verrou contre la parde main-d'œuvre nécessaires pour le chargement. On a même perfectionné cette invention en Angleterre, et on en a profité pour séparer les diverses qualités de charbons à l'aide de grilles placées sur les couloirs. Cette séparation s'exécute encore chez nous par un triage à la main, et exige beaucoup de temps et de soin, ce qui la rend très-coûteuse ; cependant on ne peut se dispenser de cette opération ; car il existe une différence marquée dans la valeur vénale du charbon extrait d'une même mine, suivant qu'il est en gros morceaux ou en morceaux très-petits. Cette différence de prix tient en partie à ce que le gros charbon est moins mêlé de terre et de matières étrangères que le petit, qu'on désigne sous le nom de menu, et conséquemment, il présente plus de sécurité à l'acheteur. A Saint-Etienne, les 100 kil. de gros charbon coûtent de 1 fr. 50 à 2 fr., tandis que le menu ne se vend guères que 4 à 5 sous le même poids.

D'après l'importance attachée par l'acheteur à la dimension des morceaux, on doit ménager le charbon dans les diverses manutentions qu'il subit pendant son transport depuis le lieu d'extraction jusqu'au lieu où il doit être vendu. Ainsi, lorsqu'il est transporté par un chemin de fer de la mine jusqu'à une rivière ou jusqu'à la mer où il est embarqué, il doit du waggon et de sa charge à des câbles qui se détériorent toujours assez rapidement. Le mouvement est du reste réglé au moyen de freins circulaires en bois, comme dans le système précédent, et le contre-poids ramène le chariot vide au niveau du chemin de fer.

Un des chemins qui aboutissent à la Tyne, celui désigné sous le nom de *Brunton and Shield railway*, présente un mode d'embarquement particulier qui mérite d'être indiqué ici. Sur ce chemin, l'on emploie des waggons de dimension moitié moindre que celle des waggons ordinaires. Ils sont formés d'une caisse oblongue dont le fond est fixe, et qui s'ouvre à l'avant. Chacun de ces chariots est amené sur le bord d'un couloir dirigé vers le bâtiment où l'on doit embarquer le charbon. A l'arrière du chariot, on attache un câble qui communique à un contre-poids, puis on pousse le chariot sur le couloir ; la portion de son poids qui se trouve décomposée suivant la pente soulève le contre-poids, et sa descente est d'ailleurs réglée par un frein circulaire analogue à celui que j'ai décrit plus haut. Le chariot étant arrivé à un certain point, on serre le frein, le chariot s'arrête, son avant s'ouvre, et le charbon glisse dans une caisse inclinée, placée sur le couloir. Le chariot vidé se relève au moyen du contre-poids, tandis que la caisse descend lentement le long du couloir jusqu'au tillac du bâtiment, où son fond est ouvert et laisse glisser le charbon ; puis par le moyen d'un deuxième contre-poids la caisse se relève comme le chariot. En opérant ainsi, le charbon se trouve assez ménagé. On aurait pu faire descendre le chariot le long du plan incliné jusqu'au bâtiment. Probablement le transvasement dans la deuxième caisse a été établi pour accélérer l'opération qui autrement eût été trop lente, puisque chaque chariot est moitié en dimension d'un chariot ordinaire. Tandis que la caisse descend, se vide et remonte en place, on a le temps de relever le chariot vide et de le remplacer par un chariot plein.

Nous ne décrirons pas ici les grues et autres machines qui peuvent servir au déchargement des matières de grosse dimension, telles que les sacs de blé, les pièces de fonte, les pierres de taille ; car elles n'ont rien de particulier en elles-mêmes. Nous indiquerons seulement un appareil assez ingénieux employé sur le chemin de fer de St.-Etienne à la Loire pour soulever des pièces semblables ou tout autre chargement placé dans des caisses mobiles, et les transporter du cadre du chemin de fer sur des chars de routes ordinaires. Cet appareil consiste dans une grue mobile qui roule sur un plancher supporté par deux piliers en pierre,

et établi , au-dessus de la voie principale , perpendiculairement à sa direction. En plaçant le
waggon et le char parallèlement l'un à l'autre,
entre les deux pilliers , le transbordement s'exécute avec célérité ; mais cet appareil coûte assez
cher de premier établissement.

Quant aux moyens de pesage, on peut employer des bascules semblables à celles qui
servent sur les routes ordinaires.

CHAPITRE V.

Des diverses résistances opposées à la traction sur un chemin de fer.

Lorsqu'un waggon, d'une construction semblable à celle que l'usage a fait adopter généralement, est mis en mouvement sur une partie
de chemin de fer en ligne droite , il éprouve,
comme nous l'avons indiqué, deux sortes de résistances. L'une est due au frottement produit
par la pression de la caisse et de sa charge sur
l'essieu , l'autre tient à l'adhérence de la jante
de chaque roue avec le rail. Nous avons dit déjà
que cette dernière espèce de résistance dé-
pendait de l'état plus ou moins propre des
rails , et nous avons indiqué les procédés consacrés par la pratique pour diminuer la résistance due au frottement sur l'essieu. La résistance totale due à ces deux genres de rési-

stance est sensiblement indépendante de la vitesse, et elle agit comme une force retardatrice constante, proportionnelle au poids du chariot et directement opposée à l'effort de traction. Ce résultat, conforme aux lois du frottement données par Coulomb, a été constaté par les expériences faites sur le chemin de Killingworth, par M. Wood, ingénieur anglais; et ces expériences peuvent se répéter sur toutes les lignes de chemin de fer suffisamment incli nées pour que les chariots descendent par l'action seule de la pesanteur. Les chariots se trouvent alors dans la position d'un corps qui glisse le long d'un plan incliné, sous l'action d'une portion de la gravité, décomposée parallèlement au plan, et diminuée de la résistance due au frottement. La question se trouve ainsi ramenée à un problème dont la solution se trouve dans tous les traités de mécanique. En mesurant l'espace que les waggons parcourent ainsi dans un temps donné, en vertu de l'action de la pesanteur, on en déduit la valeur totale de la résistance éprouvée par le chariot dans son mouvement. Ainsi que nous l'avons dit, pour les chariots ordinaires, la valeur de cette résistance monte à $\frac{1}{2}$— de l'intensité de la gravité absolue, ou à 5 millièmes du poids du chariot et de sa charge.

Mais lorsque le waggon est assujetti à se

mouvoir sur une courbe, il se présente de nouvelles causes de résistance à la traction.

1°. Dans les grandes vitesses, il se produit une force centrifuge qui tend à presser contre le rail le rebord des roues qui parcourent la courbe extérieure ; cette force est détruite à chaque instant par la résistance du rail, mais de là résulte un frottement et une perte correspondante de force ;

2°. Les roues qui se meuvent sur la courbe extérieure doivent parcourir un développement plus grand que les roues qui se meuvent sur la courbe intérieure, et, comme ces roues sont fixées deux à deux sur le même essieu, il faut que la roue extérieure glisse en avant, ou que la roue intérieure recule dans le mouvement ;

3°. Les deux essieux devant être toujours sensiblement parallèles et à une distance constante, par les raisons que nous avons indiquées plus haut, il suit de là qu'ils ne peuvent se diriger normalement à la courbe, et que le chariot éprouve la même résistance qu'un corps carré qui se meut entre deux courbes concentriques, et dont les angles frottent contre chacune d'elles.

La première de ces causes de résistance est généralement de peu d'importance. La force centrifuge est, comme l'on sait, proportion-

nelle au carré de la vitesse divisé par le diamètre de la courbe que parcourt le mobile,
et conséquemment la valeur de la résistance
ainsi produite ne peut être considérable sur
des courbes dont le rayon n'est pas très-petit.
Au reste, son effet peut se contre-balancer entièrement, en élevant sensiblement le rail de
la courbe extérieure, de manière à décomposer
une partie du poids du chariot, normalement
à la courbe, et à l'opposer directement à l'action de la force centrifuge. Ce moyen est généralement appliqué sur toutes les courbes qui
n'ont pas un rayon très-étendu. Seulement le
surhaussement du rail extérieur demande à
être pris de loin, pour ne pas offrir subitement
au chariot un rapide qu'il ne pourrait franchir
qu'avec un excédant de force.

La deuxième cause de résistance est assez importante, dès que les courbes n'ont pas un
rayon étendu. Sur ces courbes les deux lignes
de rails que présente chaque voie, forment
deux arcs extérieur et intérieur qui sont concentriques, et conséquemment le développement de ces arcs pour une même quantité an-
gulaire est proportionnel à leurs rayons respec-
tifs, dont la différence est la largeur de la voie.
Si l'on fait donc varier le rayon de la courbe
intérieure, en supposant la largeur de la voie

égale à 1^m. 5o , comme on l'a généralement adopté , on aura les valeurs suivantes pour le rapport des deux arcs parcourus :

Rayon de la courbe intér.	Largeur de la voie.	Arc intérieur.	Arc extérieur.
1000 m	1.5o	1 mètre	1.0015
5oo	»	»	1.003
4oo	»	»	1.0038
3oo	»	»	1.005
2oo	»	»	1.0075
1oo	»	»	1.0150
8o	»	»	1.0187
6o	»	»	1.0250
4o	»	»	1.0375
3o	»	»	1.0500

On voit que cette différence de développement devient très-sensible à mesure que les rayons des courbes diminuent, et elle ne peut être rachetée dans le mouvement, qu'autant que la roue extérieure glisse en avant, et la roue extérieure en arrière, ce qui produit nécessairement un frottement énergique sur la bande.

Pour corriger ce défaut des courbes, M. Laignel a proposé un moyen qui consiste à faire rouler sur son rebord la roue placée à la courbe extérieure, au lieu de la faire rouler sur sa jante. Alors le rail extérieur qu'elle parcourt se trouve armé d'un rebord latéral, afin de l'empêcher de sortir de la voie. Cette invention a pour

effet d'augmenter le développement de la roue
extérieure et de lui permettre de parcourir
dans le même temps un espace plus étendu que
la roue intérieure. Le rebord des roues étant
de 2 centimètres à 2. centimètres 25, leur diamètre de rebord en rebord est de 80 centimètres, tandis qu'il n'est que de 76 de jante en
jante. Si donc on fait rouler la roue extérieure
sur son rebord, les espaces, parcourus par les
deux circonférences développées dans un tour
entier, seront $2^m.5$ et $2^m.39$, ou dans le rapport
de 1.05 à 1. Ainsi, ils seront précisément dans
le rapport qui convient pour des courbes de
30 mètres : mais si l'on appliquait ce système
à des courbes de rayon plus étendu, la roue
extérieure se trouverait devancer à chaque
instant la roue intérieure de quantités de plus
en plus fortes, et la difficulté se trouverait
reportée dans l'autre sens. Il ne serait pas
possible de diminuer l'oreille des roues de
manière à ce que le même procédé s'appliquât
à des courbes d'un plus grand rayon ; car
alors, les roues ne seraient plus suffisamment
retenues dans la voie, lorsqu'elles rouleraient
sur leurs jantes.

Dans le même but de donner aux roues un
diamètre variable suivant leur position dans
les courbes qu'elles parcourent, on a proposé

aussi de rendre les jantes des roues sensiblement coniques. Avec cette disposition, la force
centrifuge qui, dans les courbes, agit de dedans
en dehors, pousserait la roue extérieure sur
une section de jante plus grande, et retirerait
la roue extérieure sur une section plus petite,
de sorte que les deux sections portant sur le
rail se trouveraient dans des rapports proportionnels aux rayons extérieur et intérieur
de chaque courbe. Mais des roues semblables
auraient pour effet direct de renverser les
bandes en dehors, inconvénient très-grave et
qui est même déjà sensible avec les roues actuelles, dont la jante est légèrement conique
par suite d'un détail de l'opération du fondage.

On ne peut donc tenter pratiquement d'autre essai que celui proposé par M. Laignel, lequel se réduit au cas des courbes de 30 mètres
de rayon. Déjà on peut concevoir que dans le
tracé d'un chemin de fer il ne serait pas aisé de
s'assujettir à n'avoir que des courbes d'un aussi
petit rayon, et que cette sujétion pourrait,
dans certains cas, occasionner de grands frais
de terrassement. Mais de plus, on doit observer que ce procédé ne résout qu'imparfaitement la question : car il laisse entière la portion
de résistance qui résulte de la troisième cause
signalée plus haut, du parallélisme des essieux

avec leur écartement ordinaire d'un mètre dix
centimètres. Par suite de ce parallélisme, dont
nous avons expliqué la nécessité page 34, il arrive que sur les courbes, la ligne de contact des
jantes avec le rail se trouve oblique à la section de celui-ci, de sorte que les rebords des
roues frottent contre le rail qu'ils prennent de
travers ; ce frottement latéral exige une grande
augmentation dans la force nécessaire à la traction. Cet inconvénient grave existe encore entièrement en faisant tourner la roue extérieure
sur son rebord ; car le rebord frotte contre
l'oreille fixe placée sur le rail extérieur, et crée
de même une résistance considérable. De plus,
le rail extérieur étant établi à plat avec une
oreille, se trouve précisément dans le cas du
système des *plate-rail* que nous avons examiné
plus haut. Il est exposé à se couvrir de boue
ou de poussière, et doit être creusé rapidement par le frottement du rebord qui est
toujours assez étroit et agit sur lui comme un
couteau. Ces défauts compensent presque entièrement l'avantage que semble présenter ce
système, et il serait impossible de l'appliquer
sur des chemins de fer destinés à un service
actif. Car d'après la forme carrée des chariots
employés sur les chemins de fer, un convoi
lancé avec une vitesse de quelques mètres par
seconde exercerait toujours un frottement la-

téral très-puissant sur un système de courbes aussi peu développées que des courbes de 30 mètres de rayon, et l'alignement des bandes se trouverait détruit rapidement.

Ce système pourrait être plus utile dans les mines où les galeries se croisent sous des angles presque droits, et où le mouvement n'est jamais rapide. Ainsi on l'a appliqué à un chemin de fer souterrain établi dans les mines d'Anzin. Très-probablement la largeur de la voie y est moindre que dans les routes en fer construites à la surface du sol, et les essieux plus rapprochés l'un de l'autre, comme cela a lieu pour les chemins de fer établis dans les mines d'Angleterre. La première de ces modifications diminue la résistance due à la différence de développement, en réduisant la différence des rayons des courbes extérieures et intérieures à laquelle elle est proportionnelle. La deuxième diminue la résistance due à la forme carrée de l'assemblage des essieux. Mais aussi les traineaux employés dans les mines ne portent-ils que le $\frac{1}{6}$ ou le $\frac{1}{8}$ de la charge des grands waggons employés sur terre.

La valeur de la résistance totale due au plus ou moins de raideur des courbes, peut s'obtenir avec un dynamomètre, en l'appliquant à un chariot mis en mouvement. Pour que des expériences de ce genre pussent donner des résultats comparables entr'eux, il faudrait opérer toujours avec un même chariot, et dans des circonstances parfaitement identiques, sauf le rayon de la courbe. Autrement les résultats seraient sensiblement modifiés par les circonstances accessoires., telles que la forme des waggons et des rails, l'état de la voie, la pente du chemin. A défaut de semblables expériences, nous donnerons en note la valeur calculée de la quantité de résistance due à la différence de développement des rails extérieurs et intérieurs sur une courbe quelconque. Quant à l'autre cause de résistance qui tient au parallélisme et à l'écartement des essieux, il serait impossible de chercher à l'évaluer autrement que par l'expérience (1).

(1) Soit p le poids total du waggon chargé, R le rayon de la courbe pris à l'axe de la voie, et d la largeur de la voie. Dans le mouvement sur la courbe, les espaces parcourus dans un temps donné par l'une et l'autre roue doivent être proportionnels aux rayons des lignes de rails extérieurs et intérieurs, ou à $\frac{R + \frac{1}{2}d}{R - \frac{1}{2}d}$. Si donc la roue intérieure parcourt un mètre, l'autre devra parcourir un espace $= 1 \times \left(\frac{R + \frac{1}{2}d}{R - \frac{1}{2}d} \right)$, expression qui devient en la développant $1 + \frac{d}{R} + \frac{d^2}{2R}$, etc. Les deux roues étant fixées sur le même essieu, on peut sup-

En général, il est reconnu en principe que tout chemin de fer destiné à un service considérable et actif ne doit présenter que des

poser que la roue extérieure parcourrera l'espace, par son mouvement de rotation, et l'espace $\frac{d}{R} + \frac{d'}{R^2}$ en glissant. Or, suivant Coulomb, le frottement dû à la pression du fer glissant sur le fer, est égal au $\frac{1}{3}$ environ de son poids. Ici le poids qui porte sur la courbe extérieure n'est que la moitié du poids total du waggon ou $\frac{p}{2}$. Le frottement de glissement qui en résultera sera donc $\frac{p}{6}$, et comme il agit pendant que la roue extérieure glisse sur l'espace $\frac{d}{R}\left(+\frac{d'}{R^2}\right)$, la quantité de frottement produit par le glissement de la roue extérieure sera, $\frac{p}{6}\left\{\frac{d}{R} + \frac{d'}{R^2}\right\}$

Ainsi l'on pourra former le tableau suivant qui donnera pour chaque portion parcourue à la courbe intérieure, la valeur du frottement provenant de la différence de développement, exprimée en fraction de p ou du poids du chariot :

Rayons.	Frottement dû à la différence de développement.
	$p.$
1000	0.000255
500	0.00051
250	0.00102
100	0.00255
50	0.0051
25	0.0102

lignes droites et des courbes de rayons très-
étendus. Si cette condition n'est pas remplie,
le service devient très-pénible, et les frais de
transport sont très-élevés. Au chemin de Liverpool à Manchester, qui est placé dans un
pays peu accidenté, on a pu s'astreindre à n'a-
voir que des courbes de 1,500 à 2,000 mètres
de rayon. Au chemin de Saint-Etienne à Lyon,
qui est établi dans des localités très-difficiles,
on a pris 500 mètres pour la limite inférieure
du rayon des courbes : autrement, on se serait jeté dans des dépenses extraordinaires.
Le rayon de 500 mètres doit être considéré comme le *minimum* auquel on doive descendre pour l'établissement des courbes sur
une ligne générale de circulation. Encore faut-
il disposer son tracé de manière que ces courbes soient entremêlées de lignes droites ; car,
lorsque plusieurs courbes de 500 mètres se
suivent sans interruption, il se produit une
augmentation sensible de résistance.

On peut diminuer sensiblement le frottement produit par les courbes, en faisant tomber sur les roues du premier waggon, un filet
d'eau qui mouille le rail pour les autres roues.
Les waggons roulent en effet beaucoup mieux
sur les rails mouillés : ce qui tient probablement à ce que la couche mince d'eau, interposée
entre la bande et la roue, agit comme l'huile

qui se trouve entre deux corps frottant l'un sur l'autre et permet à la roue de se détacher de la bande plus facilement.

Observons que la règle des courbes étendues que nous venons de poser ne s'applique qu'à une grande circulation. Pour un chemin de fer qui n'a qu'un petit tonnage, il peut se trouver des circonstances telles qu'il soit préférable d'avoir des courbes un peu moins développées, et par conséquent des frais de transport un peu plus considérables, en évitant de se jeter dans des frais extraordinaires de premier' établissement.

Je dirai ici quelques mots d'un système de chemin de fer inventé par M. Palmer, ingénieur anglais, parce que ce système semble détruire toutes les difficultés du mouvement des chariots sur les courbes. Le chemin de fer de M. Palmer présente une seule ligne de bandes établie sur des piliers suffisamment espacés, et son chariot est formé de deux caisses séparées, placées des deux côtés au-dessous de la ligne de bandes, et suspendues à deux roues tournant sur cette même ligne. La position du centre de gravité du système entier est calculée de manière à ce que les roues puissent se maintenir sur la bande au moyen d'un double rebord, ce qui s'obtient en baissant suffisamment les deux caisses de chaque côté. La traction s'effectue, à

l'aide d'une corde de halage, comme sur les canaux. Dans ce système, la voie étant réduite à
une bande, il n'existe plus de résistance produite par la différence des courbes extérieures et
intérieures, et les roues pouvant être assez rapprochées, l'autre cause de résistance que nous
avons signalée devient également insensible.
Mais le prix de la construction des piliers, la
difficulté des croisemens des voies entre elles,
et avec les chemins ordinaires, enfin la gêne
des déchargemens et chargemens ne permettent pas de chercher à réaliser sur une grande
échelle cette invention ingénieuse. Cependant
elle peut être applicable dans certains cas; elle
pourrait convenir, par exemple, si l'on voulait
exécuter un chemin de fer pour le service particulier d'une usine dont les bâtimens seraient
disposés de manière à ne permettre que des
courbes assez raides.

Lorsqu'un chemin de fer a une pente sensible, la résistance à la traction s'y trouve
augmentée de toute la portion du poids décomposé, parallèlement au plan sur lequel
monte le chariot. Soit P le poids du chariot et
i l'angle d'inclinaison de la rampe. Sur un chemin de fer horizontal et à courbes très-dévelop·
pées la résistance à la traction est $\dfrac{P}{200}$, et sur

une rampe, elle sera $\frac{P}{200} + P \sin i$ Comme les angles d'inclinaison sont toujours assez faibles, le sinus de l'arc est sensiblement égal à sa tangente, et l'excès de la résistance due à la rampe peut être regardée comme égale au poids du chariot multiplié par le taux d'inclinaison de la rampe par mètre. Ainsi l'on aura :

Rampe.	Résist. due à la pente	Résist. due au frottement.	Résist. totale.
1 mill. par mètre.	0,001	0,005	0,006
5 mill. par mètre.	0,005	»	0,010
1 cent. par mètre.	0,010	»	0,015
2 cent. par mètre.	0,020	»	0,025

Ce tableau montre qu'à 5 mil. par mètre, l'excès de la résistance due à la pente est égal à celui produit par le frottement de l'essieu et de la roue, et ainsi la résistance totale est doublée ; elle est triplée à 1 cent. par mètre, et quintuplée à 2 centimètres.

L'ensemble des considérations présentées dans ce chapitre nous conduit aux résultats suivans : 1°. les chemins de fer n'offrent de grands avantages, comme économie de transport, qu'autant qu'ils sont tracés sur des courbes très-étendues avec les pentes les plus douces possible; 2°. il est d'une haute importance, pour la réussite des entreprises de ce genre, que la plus grande masse de transports s'exécute dans le sens de la pente descendante de la ligne. Nous reviendrons plus loin sur ce sujet, quand nous comparerons entr'eux les différens systèmes de communication.

SECTION II.

DES DIFFÉRENS MOTEURS EMPLOYÉS SUR LES CHEMINS DE FER.

Je diviserai en quatre classes les moteurs qui servent ordinairement à la traction sur les chemins de fer, et j'examinerai successivement leurs avantages et leurs inconvéniens. Ces moteurs sont :

1° Les chevaux.

2° La force de la pesanteur.

3° Les machines fixes.

4° Les machines mobiles ou locomotives.

CHAPITRE Ier.

Chevaux.

Ce genre de moteur est celui dont l'achat primitif est le moins coûteux; mais cet avantage peut être contre-balancé par les frais qu'exige son entretien journalier, et par la limitation de l'utilité de son service en certaines circonstances.

On a sensiblement varié dans l'appréciation de la quantité de travail journalier qui répond à la force ordinaire d'un cheval. En estimant la puissance des machines à vapeur par *force de cheval*, on dit généralement que cette force est représentée par 75 kilogrammes élevés à 1 mètre par seconde. La journée de travail d'un cheval étant de 8 heures environ, il pourrait ainsi élever par jour 2,160,000 kil. à un mètre. Mais cette appréciation est trop élevée pour un cheval ordinaire : car la résistance de 75 kil. est trop forte pour ne pas fatiguer promptement un cheval soumis à un travail régulier. En pratique, cette résistance est réduite à 65, et même 60 kil. Quant à la vitesse d'un mètre par seconde, elle convient assez pour le développement de la force de l'animal, et peut être même regardée comme donnant le *maximum* de son travail utile, lequel s'évalue par le produit de la résistance à surmonter, multipliée par l'espace parcouru. Si le cheval marche plus vite ou plus lentement qu'un mètre par seconde, ce produit diminue, parce qu'alors ses mouvemens musculaires ne sont pas libres dans leur action. De plus, un cheval ne peut guères rester sous le collier plus de 8 heures par jour, et il faut généralement qu'il puisse se reposer un jour par semaine.

Ainsi nous admettrons que, pour la conduite

des marchandises, un cheval doit aller au pas d'un mètre par seconde ou de 3,600 mètres à l'heure, ayant à surmonter une résistance de 60 kil., et travaillant pendant 8 heures; il produira ainsi un effet $= 60 \times 8 \times 3,600 = 1,728,000$ kil. élevés à un mètre.

Nous avons vu que, sur un chemin de fer horizontal et en ligne droite, la résistance moyenne à la traction avec des waggons bien graissés est égale à $\frac{1}{200}$ ou à $\frac{5}{1000}$ du poids qui se trouve transporté. Ainsi, chaque 1,000 kil. ou chaque tonne, ce qui est un terme équivalent, produira dans cette circonstance une résistance de 5 kil., qui agira en sens contraire du cheval, et qu'il devra transporter à 3,600 mètres en une heure. En divisant donc par 5 le nombre 60 qui exprime la résistance qu'on doit donner à surmonter à l'animal, le quotient exprimera le nombre de tonnes qu'il pourra conduire; ce quotient est 12. Ainsi, sur un chemin de fer horizontal et en ligne droite, un cheval pourra conduire 12 mille kil., ce qui revient à trois waggons chargés chacun de 3,000 kil. de marchandises, la caisse et les roues de chaque waggon pesant environ 1,000 kil.

Ce résultat peut être regardé comme un *maximum* pratique, par deux raisons : l'une, c'est qu'aucun chemin de fer n'est parfaitement horizontal; il se manifeste toujours des petits tassemens qui produisent des petites pentes où le cheval se trouve fatigué avec une charge de trois waggons; l'autre, c'est qu'aucun chemin de fer n'est constamment en ligne droite, et, pour peu que le rayon des courbes soit au-dessous de 1,000 mètres de rayon, il se crée une résistance additionnelle très-sensible dans le tirage.

Lorsque le chemin de fer parcourus présente une pente, la résistance comme nous l'avons vu, se trouve augmenter très-rapidement. Sur une pente de 5 mill. par mètre, elle est double de ce qu'elle est en plaine, et l'on ne peut donner au cheval une charge de plus de 6 mille kil. : car $\frac{6 \cdot \cap}{1 \cdot} = 6$, et en outre il y aura une portion de la force du cheval employée à monter son propre poids. On ne pourra lui donner que 4,000 kil. sur une pente de 1 cent. par mètre, et ainsi de suite. A 2 centimètres $\frac{1}{2}$ par mètre, l'effort du cheval est réduit à 2,000 kil., et s'il n'est pas possible d'éviter des pentes semblables, il faut alors chercher pour elles d'autres moteurs moins coûteux; car, dans ce cas, l'effet utile produit par le cheval se trouve trop rapproché de l'effet qu'il produit sur une route ordinaire.

Lorsque presque toute la matière à transporter suit la pente du chemin de fer, et que les chariots remontent vides, un cheval peut conduire un grand nombre de waggons à la descente ; car alors la partie du poids décomposée suivant la pente agit en sens contraire de la résistance ordinaire due au frottement : mais comme le même cheval doit remonter à vide les chariots qu'il a descendus, il faudra faire entrer cette considération en ligne de compte.

Ainsi, sur une pente de 4 mill., la résistance d'un chariot plein à la descente serait égale à $4000 \times \frac{5-4}{1000} = 4$ kil. : d'où il suit qu'un cheval pourrait mener en descendant un nombre de chariots égal à $\frac{60}{4}$ ou 15 chariots pleins ; mais, à la remonte, la résistance d'un chariot vide étant égale à 4 kil. de poids décomposé, suivant la pente, plus 5 kil. de frottement, ou à 9 kil., un cheval ne pourra remonter que $\frac{60}{9}$ ou 7 chariots au plus. C'est donc à ce même nombre que devra être fixée sa charge de descente. L'inverse aurait lieu pour une pente de 2 millimètres. Le nombre de chariots chargés qu'un cheval pourrait mener à la descente serait environ la moitié de celui qu'il pourrait remonter à vide.

Lorsque la pente de la ligne dépasse 5 millimètres par mètre, les chariots pleins peuvent descendre par l'effort seul de la gravité, puisque la portion de leur poids décomposée est supérieur à la valeur de la résistance due au frot-

tement. Alors leur mouvement est réglé à la
descente au moyen des freins que nous avons
décrits dans le deuxième chapitre ; les chevaux
ne sont plus utilisés que pour la remonte : ils
redescendent ensuite au pas pour chercher de
nouveaux chariots, et cette descente sans charge
dépense inutilement une partie de leur force.
On a tenté d'économiser cette quantité de force
perdue, en plaçant les chevaux dans des espèces d'écuries mobiles sur quatre roues, et les
renvoyant ainsi à la suite des convois qui
descendent par leur propre poids. Les chevaux
s'habituent assez bien à ce genre de voyage,
et, si le transport ne les fatiguait nullement,
ils pourraient faire un travail à peu près double de celui qu'ils peuvent produire en redescen-
dant à la manière ordinaire. Supposons que
le chemin eût 8 kilomètres de longueur et une
pente de 5 $\frac{1}{2}$ millimètres par mètre : un cheval
pouvant parcourir moyennement 30,000 mè-
tres dans sa journée, ferait sur cette ligne deux
descentes, et deux remontes, chacune de 6 chariots vides. Ainsi il remonterait 12 chariots et
deux chevaux en remonteraient 24. En opérant la descente des chevaux au moyen des
écuries mobiles, ces deux chevaux remonteraient chaque fois 11 waggons vides, plus leur
écurie qui ne pèse pas plus qu'un waggon vide,
étant disposée pour deux chevaux. Si donc

ils ne se fatiguaient pas à la descente, ils feraient 4 remontes, et remonterait 44 waggons au lieu de 24. Mais cette descente en voiture leur cause toujours quelque fatigue, de sorte que l'on ne peut compter que sur trois descentes et trois remontes, ce qui produirait 33 waggons. De plus il faudrait dans la semaine donner à ces chevaux un peu plus de repos qu'avec leur travail ordinaire. Ainsi au chemin de Darlington, où ce système est employé, le cheval se repose le dimanche et pendant deux jours de la semaine il ne fait que la moitié du travail qu'il exécute pendant les autres jours.

D'après cela, nous réduirons à 30 le nombre moyen des waggons que deux chevaux peuvent remonter en un jour avec les écuries mobiles. Ainsi le travail des chevaux, avec cette invention, produira $\frac{1}{4}$ en sus de leur mode ordinaire d'agir. Mais plusieurs circonstances sont nécessaires pour que cet avantage soit bien réel. Il faut que la ligne soit de la longueur que nous venons d'indiquer, ou du moins qu'elle soit divisée en relais, pour que chaque remonte ne fatigue pas trop les chevaux qui doivent repartir presque aussitôt qu'ils sont arrivés au point le plus élevé. De plus, pour que cette descente des chevaux s'opère de suite, il faut admettre une grande régularité dans le ser-

vice des transports : car s'il y a un retard
dans la descente des convois, la journée se
passera sans que les chevaux puissent exécuter
le nombre voulu de remontes. Cette régularité
absolue dans les départs des convois est très-
difficile à obtenir sur un chemin de fer destiné
à un service public, et elle ne pourrait exister
complétement que sur un chemin consacré au
service particulier d'une usine ou d'une explo-
tation de houille. En général, il est très-avan-
tageux pour le service que l'action du moteur
ne puisse être entravée par aucune cause
étrangère. Ces considérations ont fait renoncer à l'emploi des écuries mobiles sur le chemin de Saint - Etienne à Lyon. Cependant
elles sont encore en usage sur le chemin de
Darlington. Elles exigent un certain nombre
de croisemens sur les points de déchargement
où les waggons stationnent, car il faut pouvoir
changer facilement l'écurie du convoi qui vient
de descendre au convoi qui doit la remonter.

Lorsque les chevaux sont employés à la conduite de chariots légers ou de diligences, leur
vitesse ne doit pas être poussé à plus de quatre
lieues à l'heure, la charge étant réduite à
une résistance de 25 à 30 kil. Dans cette
supposition, il faut les relayer de demi-heure
en demi-heure, et ne leur faire guère parcourir plus de quatre lieues par jour. Autrement,

ils ne peuvent soutenir un tel genre de travail. L'effet ainsi produit se trouve représenté par 30 kil. élevés à 20,000 mètres, ce qui donne 600,000 kil. à un mètre. C'est un peu plus du tiers de l'effet que produit un cheval en travaillant à son pas ordinaire de 3,600 mètres à l'heure.

Un cheval de roulage coûte généralement 5 fr. par jour, conducteur compris. Pour ce prix, on devrait exécuter avec ce moteur le transport de 9 tonnes de marchandises à 30 kilomètres sur une ligne horizontale, ce qui reviendrait à moins de 2 cent. par kilom. et par tonne. Mais, comme il faut souvent ramener les chariots vides, comme la charge de neuf tonnes est trop forte, à cause des irrégularités accidentelles et des courbes que toute ligne présente ; le transport d'une tonne, au moyen de chevaux, monte généralement au moins à 3 centimes par kilomètre.

Le cheval employé à un service de voyageurs coûte au moins 6 fr. par jour. Le prix que coûte le transport de chaque voyageur, varie extrêmement suivant le nombre des voyageurs que l'on aura à transporter.

CHAPITRE II.

De la force de la gravité ou des plans automoteurs.

Nous avons vu que lorsque l'inclinaison d'un chemin de fer dépasse 5 millimètres par mètre, les waggons descendent par leur propre poids. Tant que la pente ne dépasse pas 14 ou 15 millimètres par mètre, les waggons peuvent être ainsi lancés par convois, leur vitesse étant réglée au moyen des freins que nous avons décrits; mais, sur des pentes plus fortes, leur accélération peut devenir terrible, et la quantité de freins et d'hommes qu'il faudrait disposer pour les retenir rendrait très-coûteuse et peu sûre une telle manière de les diriger. Un moyen d'user cet excès de vitesse, c'est de lui faire soulever un contre-poids, et c'est ce qui a donné l'idée d'employer la force des chariots descendant à remonter d'autres chariots, au moyen d'un câble qui passe sur une poulie placée au sommet de la descente, et qui s'attache d'un côté au convoi de descente et de l'autre aux chariots qu'on veut remonter. Cette disposition est applicable surtout aux chemins destinés au transport des produits des exploitations houillères : car ces exploitations sont généralement situées sur des points assez élevés au-dessus des rivières où se fait l'embarquement, et les retours se composent uniquement de chariots vides. On voit ainsi, dans les environs de Newcastle et de Sunderland, de nombreux exemples de semblables plans inclinés, que l'on désigne en anglais par le nom de *self-acting planes* ou de *plans automoteurs*.

Ils présentent dans la partie inférieure une seule voie qui se sépare, en deux voies parallèles, à moitié de la longueur totale du plan incliné ; ces deux voies n'ont guères que 30 à 40 mètres, et se réduisent ensuite à trois rangs de bandes parallèles qui s'étendent jusqu'au sommet. A ce point (*voy.* la *fig.* 16) est établie sous terre une large poulie en fonte dont le diamètre est un peu plus grand que la largeur d'une seule voie. Sur cette poulie passe un demi-tour du câble qui doit s'accrocher d'un côté au convoi supérieur, de l'autre à celui qu'on veut remonter. Ce câble porte dans toute la longueur du plan incliné sur des poulies en fonte, espacées de 7 mètres en 7 mètres environ. Il existe un rang de ces poulies sur chaque voie séparée, et un seul sur la voie unique qui se trouve dans la partie inférieure du plan incliné.

Ceci posé, supposons le câble attaché à deux convois, l'un chargé et placé en haut sur l'une des voies, l'autre vide et placé en bas sur la voie unique. Le convoi descendant, étant mis en mouvement, entraîne le câble malgré son frottement sur la grande poulie de renvoi et sur les petites qui le supportent, et si la pente est assez forte, il remonte le convoi vide jusqu'au point où les trois rangs de rails supérieurs se fourchent en quatre. Là les deux convois se croisent, et, à cet effet, une aiguille est placée en bas du croisement, de manière à diriger le convoi montant sur la voie qu'il doit suivre. Ils passent ainsi l'un devant l'autre. Le convoi chargé prend la voie unique du bas; le convoi montant suit la direction que lui donne le câble auquel il est attaché, et arrive au haut du plan incliné sur une partie où la pente cesse, et où il s'arrête; car il n'est plus alors entraîné par la force du convoi descendant qui se trouve arriver également sur une partie du niveau, et ne peut plus ainsi exercer aucune force de traction.

Si l'on examine la *fig.* 16, on verra le genre de croisement que l'on établit au sommet du plan incliné pour éviter l'encombrement des waggons vides qui sont remontés, et des pleins que l'on veut lancer sur le plan incliné. Les lignes ponctuées indiquent les bandes qui passent sur l'emplacement de la grande poulie. Comme les convois de descente et de remonte ne peuvent jamais se rencontrer qu'au milieu du plan incliné, on conçoit facilement qu'on a besoin sur ce point seulement d'une double voie complète, et qu'au-dessous il ne doit y avoir qu'une voie unique. Au-dessus, il existe bien trois rangs de rails parallèles, de sorte que celui du milieu sert alternativement pour les convois de droite ou de gauche ; mais ceci tient à ce qu'une voie simple obligerait le chariot descendant à passer au point de croisement sur le câble qui tire le convoi montant ; or, ce passage ne pourrait s'effectuer sans de grands inconvéniens qui causeraient la prompte détérioration du câble. Remarquons de plus que l'aiguille qui guide le convoi inférieur dans le croisement, se trouve toujours placée dans le sens convenable par le convoi qui a descendu précédemment ; et c'est ce que l'on comprendra de suite, en observant que les convois descendans passent tantôt sur la voie supérieure de droite, tantôt sur celle de gauche, et alternent ainsi avec les convois de remonte. Un homme placé sur chaque convoi ralentit au besoin son mouvement à l'aide d'un frein qu'il tient sous sa main.

Les poulies en fonte sur lesquelles porte le câble ont différentes formes, suivant qu'elles sont destinées à une portion de ligne droite ou à une portion de courbe. Les poulies des lignes droites ont un pied environ de diamètre

avec une gorge de 14 centimètres de largeur sur 6 de profondeur. Elles sont montées
sur un axe en fer, dont on diminue le diamètre
autant que possible, par la même raison qui
fait diminuer le diamètre des essieux par rapport à celui des roues pour diminuer le frottement des chariots. Ici seulement c'est le câble
qui marche et la poulie qui reste fixe, tandis
que, dans l'autre cas, c'est le rail qui reste
fixe et le chariot qui se meut. On est arrivé à
diminuer l'axe des poulies jusqu'à un centimètre
de diamètre, de sorte que le rapport de l'axe à
la poulie est $\frac{1}{34}$ environ, tandis que celui des
essieux aux roues n'est que $\frac{1}{11}$. Généralement
aussi on rend la poulie libre sur l'axe, dans le
but de diminuer encore mieux le frottement.

Dans les courbes, le câble se trouve avoir
une tendance sensible à s'échapper de la poulie, et à se redresser en droite ligne. Pour s'opposer à cette tendance, on incline les gorges
des poulies du côté de la courbe extérieure, et
on allonge le rebord supérieur de la gorge pour
retenir le câble : ou encore on remplace les poulies par des rouleaux verticaux garnis d'un petit
rebord aux deux extrémités pour empêcher le
câble ou de tomber ou de passer au-dessus.

Les *fig.* 26 et 27 représentent la poulie des
lignes droites, vue en élévation et en plan;
les *fig.* 28 et 29 représentent les rouleaux des

courbes, ou les poulies à axe vertical. Les supports de ces deux genres de poulies peuvent être fixés sur des traverses en bois, mais ils sont beaucoup plus solidement établis sur des dés en pierre. On espace les poulies de lignes droites de sept mètres en sept mètres environ. L'espacement des rouleaux verticaux dépend du plus ou moins de raideur de la courbe.

La force des câbles varie suivant la pente du plan et la charge qu'ils doivent supporter. Ils ont généralement au moins 4 pouces de circonférence et durent de 9 à 12 mois, étant usés rapidement par le frottement qu'ils éprouvent, soit sur la grande poulie autour de laquelle ils s'infléchissent, soit sur les petites poulies qui les supportent.

Pour déterminer la valeur de ce frottement, M. Wood a fait une suite d'expériences dont le principe consistait à compter exactement le temps nécessaire pour qu'un convoi d'un poids donné remontât un autre convoi d'un poids également connu, au sommet d'un plan incliné d'une inclinaison et d'une longueur connues. Au moyen de ces données, et avec les formules ordinaires que donne la mécanique pour calculer le mouvement de deux corps qui sont ainsi attachés sur un plan incliné, M. Wood a déduit la valeur de la résistance produite par le mouvement du câble et par la rotation de toutes les poulies. Cette valeur varie, comme on le pense, suivant le diamètre du câble et son état hygrométrique, suivant le diamètre des poulies qui le supportent, et de leurs axes, enfin, suivant la direction plus ou moins rectiligne du plan incliné. La moyenne que M. Wood a trouvée s'élève à $\frac{1}{77}$ du poids du câble. D'autres observations ont été faites à ce sujet par MM. Walker et Rastrick, commissaires nommes par la Compagnie du chemin de fer de Liverpool, pour examiner le meilleur genre de moteur qui devait être appliqué au service de ce chemin : leur moyenne ne va guères qu'à $\frac{1}{20}$ du poids du câble. Mais ce résultat a été combattu par M. Stephenson, qui a prouvé que ce même frottement s'élevait souvent jusqu'à $\frac{1}{12}$ et même $\frac{1}{10}$ du poids du câble. Comme en pratique il faut toujours se ménager un excédant de force, afin d'être sûr d'obtenir un service régulier du moteur qu'on emploie, c'est ce nombre que nous prendrons pour la valeur du frottement du câble sur les plans inclinés.

Les plans automoteurs les moins rapides en Angleterre se voient sur le chemin de fer qui transporte à Sunderland les produits de la mine d'Hetton. Ce chemin de fer est d'ailleurs celui de tous les chemins anglais sur lequel le système de traction, au moyen des câbles, a été le plus perfectionné. Le plan le moins

rapide d'Hetton a une pente de o^{mètre}.028 par
mètre. Sa longueur est de 800 mètres environ
presqu'en ligne droite. On y fait descendre généralement 7 waggons chargés qui remontent
7 pleins. Le câble a 5 pouces anglais soit
125 millimètres de circonférence. On peut regarder l'inclinaison de ce plan comme la limite
inférieure à laquelle le système automoteur
peut être employé. Au plus, pourrait-on aller
jusqu'à 25 millimètres par mètre; mais, au-
dessous de ce point, la résistance des courbes
même développées, le plus ou moins de propreté des rails, l'état plus ou moins parfait du
graissage des waggons, l'humidité absorbée par
le câble, deviennent des causes de résistance
trop sensibles pour espérer un service bon et
régulier du système des plans automoteurs.

Quand l'inclinaison des plans inclinés augmente, quand elle va à 4 ou 5 centimètres
par mètre, il existe un excédant de force dans
le convoi descendant, de sorte qu'il peut remonter un nombre de chariots vides plus considérable, ou un nombre égal de chariots avec
une certaine charge. Il faudrait seulement que
le câble soit assez fort pour résister à la tension
qu'il éprouve. En général, la force motrice
produite par le poids du convoi descendant,
sera égale à la portion de ce poids décomposé
suivant la pente, moins les frottemens des chariots et du câble, et le poids de celui-ci. Ainsi,

supposons un plan incliné, ayant une pente de 4 centimètres par mètre, sur 500 mètres de long, et parcouru en descente par des convois de six waggons pleins : le câble devrait peser environ 3 kilog. par mètre, et avoir 520 mètres, à cause desparties plates situées aux extrémités du plan incliné. Alors on aurait :

$$\text{Poids décomposé des waggons.} \quad 6 \times 4\,\text{t.} \times \frac{4}{100} = 960^k.$$

$$\text{Frott. des waggons } 6 \times 4\,\text{t.} \times \frac{5}{1000} \quad 120$$

$$\text{Frott. du câble } \frac{520 \times 3^k.}{10} = \frac{1560}{10} = 156$$

$$\text{Total du frottement.} \quad \overline{276}$$

$$\text{Poids décomposé du cable } 1560 \times \frac{100}{4} \quad 62$$

$$\text{Total.} \quad \overline{338} \text{ ci} \quad 338$$

$$\text{Force motrice.} \quad \overline{622^k}.$$

La résistance d'un waggon vide en remonte sera :

$$\text{Résist. due au frottement } 1000\,\text{k.} \times \frac{5}{1000} = 5^k.$$

$$\text{Résistance due à la pente } 1000\,\text{k.} \times \frac{4}{100} = 40^k.$$

$$\text{Total.} \quad \overline{45^k.}$$

Donc, six waggons vides représenteraient une résistance égale à 270 kil.

$$\text{Force motrice du convoi descendant.} \quad 622$$

$$\text{Résistance du convoi de remonte vide.} \quad 270$$

$$\text{Excédant de force.} \quad \overline{352}$$

Ce nombre serait égal à la résistance de 8 waggons vides sur cette même pente. Si donc le convoi de remonte se trouve, par exemple, chargé d'une tonne par waggon, sa remonte s'opérera assez facilement. En établissant la charge de la remonte, il faudra toujours se mettre hors des chances de la rupture du câble, accident qui peut avoir les suites les plus fâcheuses, et pour cette raison, comme pour s'assurer un service régulier, malgré l'état plus ou moins propre des rails, il convient que la charge de remonte soit toujours beaucoup plus faible que celle qui résulterait du calcul.

Quand le plan automoteur est établi pour la descente des houilles d'un puits d'extraction, ce service n'est pas de nature à donner aucun transport en remonte, et conséquemment pour équilibrer les chariots vides avec les chariots pleins, si le plan est rapide, il faut ralentir la vitesse du convoi de descente au moyen de freins très-puissans, capables même d'arrêter tout mouvement en cas de nécessité. Un appareil fort ingénieux dans ce genre a été établi à la mine du Gourd-Marin près Rive-de-Gier (Loire). Le principe de cet appareil consiste à employer comme moyen de résistance le frottement de deux meules semblables à celles d'un moulin. A cet effet, le câble s'enroule sur un tambour dont l'axe traverse une meule fixe,

et porte une meule tournante que l'on rapproche plus ou moins de la meule fixe, suivant que l'on veut augmenter ou diminuer
leur frottement. Cette opération s'exécute
comme dans les moulins à vapeur ordinaires,
l'axe tournant dans une crapaudine fixée à l'extrémité d'un levier mobile que l'on soulève plus
ou moins. Lorsqu'on veut mettre les convois
en mouvement, on soulève fortement le levier,
et la meule tournante se sépare de la meule
fixe. Puis, quand les chariots marchent, on
baisse le levier de manière à rétablir peu à peu
le frottement des deux meules. Au moyen de
cet appareil, on peut descendre, même sans
contre-poids, deux waggons pleins sur une
pente de 30 centimètres par mètre.

Les plans *automoteurs* un peu étendus
exigent pour leur manœuvre quatre hommes,
dont deux pour conduire les convois, deux
pour surveiller les tambours de rotation et
préparer les convois aux deux extrémités du
plan incliné. Pour qu'il n'y ait pas d'erreur
dans les manœuvres, il faut toujours que l'on
sache, au point supérieur, si le convoi du
point inférieur est attaché au câble ; et cependant souvent les accidens du terrain ne permettent pas qu'on se voie facilement de l'une à l'autre des deux stations. Alors on place à la station inférieure un télégraphe assez élevé pour

qu'on puisse l'apercevoir de la station supérieure, ou bien on étend, sur un bord de la voie,
une corde soutenue par des rouleaux de distance en distance, et, en la tirant du point
inférieur, elle fait sonner une cloche placée au
point supérieur, ou elle donne tout autre
signal.

Ce genre de service semble très-économique,
puisqu'il n'emploie que quelques hommes :
cependant il faut ajouter aux frais journaliers
l'usure et la réparation du câble, l'entretien
des freins, des poulies, et leur graissage. Si
l'on prend pour exemple un plan incliné de
1000 mètres, d'une inclinaison de 3 centimètres,
il faudra un câble pesant au moins 2 kil. par
mètre et coûtant 3,000 fr. Un câble semblable
dure au plus un an, ce qui donnera 6 fr.
pour sa dépréciation journalière, en déduisant la vente du vieux câble. Supposons sur
ce plan incliné des convois de six chariots, le
nombre des chariots étant un peu moins fort
à cause de la pente que sur le plan de 28
millimètres par mètre, que nous avons cité
plus haut ; supposons que leur trajet se fasse
en $\frac{1}{4}$ d'heure, le temps d'arrêt étant compris,
et que le travail dure 10 heures : il passera en
tout dans la journée 240 chariots pleins et 240
vides, ce qui, en admettant 3,000 kilogr. de

houille par chariot, répondra à un service de
720 tonneaux.

Les frais journaliers se composeront
comme il suit :

4 hommes à 2 fr.	8 fr.
Usure du câble.	6
Les poulies coûtent en place 15 fr. l'une, il faut deux rangs de poulies sur la moitié de la distance , ce qui fait , en les supposant placées de sept mètres en sept mètres , $140 \times 15 = 2100$	
Plus sur 500 mètres une seule rangée. . . . . 70 à $15 = 1050$	
	3150
Intérêt de cette somme à 10 p. 100. . .	315
Ajoutant le graissage des poulies, on aura pour 300 jours de travail.	500
ou par jour.	1 fr, 66 c.
Total. . . .	15 fr, 66 c.

Ainsi le transport de 5,720 tonneaux, sur
1000 mètres, coûtera 15 fr. 66 c. pour les frais
de traction, ce qui revient à environ 2 centimes par kilomètre et par tonne.

Supposons que ce même service eût dû être
fait par des chevaux et des hommes, ceux-ci
descendant les waggons avec des freins, et
les chevaux les remontant à vide. En admettant que le service de la descente eût peu
coûté, par l'emploi des freins que nous avons
décrits plus haut, la remonte seule par les che-

veux eût été fort chère ; car la résistance opposée par un waggon vide sera :

Frottement. . . . . 5 k.
Poids décomposé du waggon, 1 t. $\times \frac{3}{100}$. . . 30
                                  Total. . . . 35 k.

La force de traction d'un cheval étant
représentée par 60 kilogrammes (p. 104),
le nombre de waggons que traînera le
cheval, sera $\frac{60}{35}$: le quotient est 1,72. En
supposant que deux waggons eussent
été la charge de chaque cheval, il aurait
remonté dans sa journée 30 waggons à
raison de 15 voyages de montée et 15
de descente. Les 240 chariots par jour
auraient donc exigé 8 chevaux, les-
quels, à 5 fr. l'un, font. . . . . 40 fr.
Chaque homme aurait pu descendre à
chaque fois 4 waggons avec les freins
doubles, et faire ainsi 15 voyages. Il
aurait donc descendu 60 waggons, et il
eût fallu 4 hommes pour les 240. Ces
4 hommes à 2 fr. l'un, font. 8
                          Total.   48

La dépense eût donc été à peu près triple
de celle du plan automoteur.

Ce système de plans inclinés n'étant applicable qu'au cas particulier où la marchandise
est transportée presque entièrement dans un

seul sens, celui de la descente, et où de plus
la pente est assez forte, je ne m'étendrai pas
davantage sur ce sujet.

CHAPITRE III.

Machines stationnaires.

L'inverse du cas que nous venons d'examiner, c'est celui où toute la marchandise
doit être remontée sur des pentes rapides
qui exigent l'effort d'un grand nombre de
chevaux. Dans ce cas, la résistance se compose, 1o. du frottement des waggons et de leur
charge; 2o. de la partie de leur poids décomposé suivant la pente à gravir; 3o. de la portion du poids du moteur décomposée suivant
cette même pente. L'influence de cette dernière
cause de réduction dans l'effet utile du moteur
peut être sensiblement modifiée en appliquant,
à la remorque des chariots sur les plans inclinés, une machine à vapeur fixe que l'on place
au sommet du plan, et qui transmet sa force
jusqu'aux chariots au moyen d'un câble roulant sur un tambour. Une fois les chariots
chargés arrivés au sommet, on accroche au
câble les chariots vides qui retournent vers le
point où s'effectue le chargement, et ceux-ci,
étant lancés sur la pente, entraînent le câble
que la machine déroule après eux, en modé-

rant leur vitesse de descente. De cette manière, le moteur, se trouvant concentré sur un
seul point, peut employer utilement la portion
de force perdue autrefois à son ascension. Il
est vrai que, dans ce nouveau mode d'opérer,
il doit vaincre la résistance additionnelle produite par le frottement du câble sur les rouleaux qui le soutiennent, comme dans les plans
automoteurs. Mais, d'un autre côté, le nombre
d'hommes nécessaires pour opérer le service se
trouve considérablement réduit, et, si l'on se
trouve dans un pays voisin de mines de houille,
on obtient une économie immense par l'emploi
d'un combustible à vil prix. Aussi cette nouvelle
application de la machine à vapeur aux chemins
de fer fut-elle adoptée rapidement dans les environs de Newcastle, où elle fut introduite
en 1808. C'est ce système de remorque que l'on
désigne sous le nom de *système des machines
fixes ou des machines stationnaires.*

Il n'est pas besoin de présenter ici une des-
cription des machines à vapeur employées à ce
travail : car tout système de machines à vapeur
semblables à celles des ateliers ordinaires, peut
être employé pour enrouler autour d'un tambour le câble qui remorque les chariots. Ce câble
est supporté sur des poulies ou des rouleaux
de la même nature que ceux que nous avons
décrits plus haut. Il est généralement un peu

plus faible que sur les plans automoteurs :
car il fatigue moins, n'étant pas tendu con-
tinuement, comme dans l'autre cas, par deux
poids qui exercent un effort puissant sur la
poulie placée au sommet, et produisent à ce
point un frottement considérable. La grosseur
du câble varie suivant la charge qu'il doit entraîner, et conséquemment suivant la rapidité
du plan incliné. Voici quelques dimensions
prises sur des plans inclinés en Angleterre :

Pente de 0.05 par mètre. — Câble
    de 7 pouces anglais ; de circon-
    férence, pesant. . . . .   3 k.75 par mètre.
Pente de 0.025 par mètre.—Câble
    de 5 pouces anglais de circonfé-
    rence pesant 1 k.85
Pente de 0 013 par mètre.—Câble
    de 4 pouces ; de circonférence,
    pesant 1 k.40

La résistance occasionée par le frottement
du câble contre le tambour et sur les poulies
qui le supportent, est un peu moindre que sur
les plans automoteurs. M. Wood ne fait pas
cette différence, et évalue en moyenne la résistance occasionée par le câble à $\frac{1}{17}$ de son poids,
qu'il soit sur un plan automoteur, ou manœuvré
par une machine ; mais d'après les observations que j'ai présentées plus haut, pour être
sûr d'un service régulier, il vaut mieux se tenir
au-dessous de cette limite, et il convient d'é-

valuer à $\frac{1}{12}$ du poids la résistance du câble sur les plans manœuvrés par des machines stationnaires.

Ce système a été étendu jusqu'à des longueurs de 3,000 mètres pour un seul câble ; on en voit un exemple sur le chemin d'Hetton près de Sunderland. Cette longueur semble un *maximum* qu'on ne peut guères tenter de dépasser ; car déjà alors la valeur de la résistance du câble sur un plan incliné de 0.013 par mètre, s'élève à $\frac{4200}{12}$, ou à 350 kil., ce qui représente l'équivalent de la résistance produite par cinq chariots chargés montant sur ce plan incliné. Sur des pentes plus sensibles le câble devant être plus fort, il s'ensuit que la longueur du relai doit être moindre, et ne doit guères aller à plus de 12 ou 1,500 mètres. Cette dernière méthode a deux avantages, même lorsque la pente permet d'établir des relais de 3,000 mètres ; l'un est de faciliter les communications par signaux d'une extrémité à l'autre du relai, pour indiquer le moment où la machine doit être mise en action ; l'autre est de présenter sur la distance totale de 3,000 mètres un point intermédiaire pour y diriger les chemins ruraux qui peuvent traverser la voie du chemin de fer. Car, lorsqu'on laisse ces chemins croiser la voie sur la longueur où doit s'étendre le câble, il devient nécessaire de faire passer celui-ci dans des rainures pratiquées dans le sol, en le couvrant d'une trappe mobile qu'un homme a soin de lever, quand le câble doit en sortir ou s'y placer. Cette opération entraîne des frais de plus, et surtout beaucoup de chances d'accident pour les voitures qui traversent le chemin de fer.

Les chariots remontés par la machine sont tirés directement vers le tambour de rotation où s'enroule le câble. Il importe qu'ils puissent être détachés promptement et facilement lorsqu'ils sont arrivés au sommet; sans quoi ils seraient entraînés sous le tambour, qu'ils briseraient en se brisant eux-mêmes. Cet objet est rempli par une espèce de pince en fer (*fig.* 11.) qui se fixe au premier waggon, et avec laquelle l'homme, placé à l'avant de ce chariot, saisit le câble au moment du départ. Tant qu'il tient la pince fermée par la pression de sa main, le câble reste accroché; dès qu'il arrive au sommet, sur la partie plate, il lâche prise, le câble s'en va seul, et les chariots, entraînés simplement par la vitesse acquise, suivent sans difficulté le prolongement de la voie qui passe à côté du tambour.

Il peut arriver aussi que dans la montée le câble se rompe si sa tension est trop forte; alors les chariots seraient emportés rapidement par un mouvement rétrograde, leur vitesse s'accé-

lérerait d'une manière effrayante par l'effet de
la pente, et delà pourraient résulter les plus
graves accidens. Pour parer à ce danger, on
accroche au dernier waggon du convoi montant une pièce de fer qui porte deux longues tiges traînantes sur le sol. Si le câble se
rompt, les chariots commencent à prendre un
mouvement rétrograde, ce qui se fait toujours lentement, et après l'épuisement de la
vitesse acquise dans le sens ascensionnel, mais
alors les pointes des tiges traînantes se fixent
en terre, et le convoi se trouve arrêté de lui-
même sur le plan incliné.

On n'a trouvé jusqu'ici aucun moyen économique pour empêcher les accidens quand
le câble rompt à la descente. Delà résulte la
nécessité de surveiller attentivement l'état du
câble, et de ne pas chercher à trop réduire
son diamètre pour diminuer le frottement
qu'il produit dans son mouvement : car un seul
accident peut coûter plus de trois à quatre
mille francs. Ce câble rompu se répare du
reste au moyen d'aponces comme les câbles
des mines.

Ordinairement les machines stationnaires
tirent les chariots chargés en haut de la pente,
et redescendent les chariots vides ; mais elles
peuvent de même être appliquées à modérer la
descente des chariots chargés, en retardant l'ac-

célération de leur vitesse par la résistance du câble déroulé avec plus ou moins de rapidité. Si donc, dans le tracé d'un chemin de fer, il se rencontre une hauteur à deux versans opposés, an lieu de la percer par un souterrain, on pourra placer au sommet une machine stationnaire qui descendra d'un côté les chariots qu'elle aura remontés de l'autre, et réciproquement. Si même le transport est considérable, on pourra, en supposant la machine d'une force suffisante, répartir son effort entre deux tambours correspondant chacun à un versant, de sorte qu'au même instant elle pourra remonter un convoi et en descendre un autre. Il suffit, pour cela, d'un double engrenage communiquant à l'arbre du volant.

D'après ce que nous venons dire, on voit que le service des machines stationnaires est généralement susceptible d'être entravé par des accidens de rupture de câble, par des retards dans les signaux, et la perte de temps qui en résulte. Si la machine d'un relai se dérange, tout le service du chemin de fer se trouve arrêté sur ce point. Enfin, quand cette machine ne se dérangerait pas, une irrégularité dans le service, par exemple, dans le retour des waggons, peut empêcher le retour du câble à la station inférieure, et réciproquement. Delà on doit conclure que l'emploi des machines fixes doit être regardé comme utile pour franchir des pentes rapides, mais qu'il vaut encore mieux tâcher de régler le tracé du chemin, de manière à éviter l'inconvénient de ces pentes et d'un moteur gênant pour le service. Surtout, on doit observer qu'il serait très-difficile de supposer une ligne de quelque étendue, desservie par des relais de machines semblables, échelonnées de plan incliné en plan incliné.

Les frais de traction des machines stationnaires se composent de l'intérêt du capital de premier établissement, plus de leur dépense d'entretien. La force de la machine nécessaire pour un relai de longueur donnée se calcule d'après la longueur de ce relai, ou la distance à laquelle elle devra tirer les convois, et le nombre de waggons pleins ou vides dont ces convois sont formés.

Pour prendre un exemple, nous supposerons : 1°. que le relai soit de 3,000 mètres sur 15 millimètres de pente ; 2°. que le transport journalier soit de 600 tonneaux ou 600 000 kilogrammes en remonte, les chariots descendant vides, ce qui est le cas le plus avantageux pour la substitution des machines fixes aux chevaux ; 3°. que la vitesse des chariots sera de 3 mètres par seconde. D'après cette

donnée , les convois parcourront les 3,000
mètres en 15 minutes. Avec le temps nécessaire pour les changemens de voie et la communication des signaux, nous compterons 20
minutes ; de sorte qu'en 12 heures la machine
fera faire au câble 18 remontes et 18 descentes.
Comme on ne peut guères supposer que le travail dure plus de 12 heures continuellement ,
on voit que si l'on réduisait la vitesse du transport , il faudrait établir deux machines au lieu
d'une pour le service que nous avons supposé.
Il faudrait conséquemment doubler la voie et
le nombre des poulies.

Les 600 tonneaux représentent 200 chariots
à 3 tonnes l'un. Chaque convoi devra donc être
composé de $\frac{200}{18}$ ou de 11 waggons.

La résistance de ce convoi sera comme il
suit :

Frottement de 11 waggons chargés
11×4 t. 0.005 $=$. . . . . 220 kil.
Poids décomposé suivant la pente :
11×4 t. $\times 0.015 =$. 660
_____
880 kil.

Pour une résistance semblable, il faudra ,
d'après les exemples pris en Angleterre, un
câble de 4 pouces et demi de circonférence,
pesant 1^k.4 par mètre. Son poids pour 3,000
mètres sera donc de 4,200 kil. , dont on pren-

dra le $\frac{1}{12}$ pour le frottement sur les poulies, ou 350 kil.

Résistance du câble.	350
Pour la décomposition du poids du câble	
0.015 × 4200.	63
Résistance totale. . . .	413
Résistance provenant des chariots.	880
——— du câble.	413.5
	1293.5

Un cheval de vapeur représentant 75 kil. élevés à 1 mètre par seconde=25 kil. à 3 mètres par seconde, notre vitesse étant de 3 mètres par seconde, $\frac{1293.5}{25}$ sera le nombre de chevaux que devra représenter la machine. Elle devra donc être de 52 chevaux, comptons 55 pour ne pas être en erreur.

Prix d'établissement d'une machine stationnaire de 55 chevaux.

Machine, telle que celles d'Angleterre, à 800 fr. par cheval.	44.000 f.
Tambour et engrenages.	5.000
Maison et cheminée de la machine. . . .	18.000
Réservoir et maison du machiniste. . . .	6.000
	73.000 f.
450 poulies à 15 fr. l'une mises en place..	6.750
Total. . . .	79.750

Frais du service d'une machine stationnaire de 55 chevaux.

	Par jour, en comptant 300 jours de travail régulier.	
Intérêt de 79.750 fr. à 6 pour cent, 4 875	13 f.	95 c.
Réparation et entretien de la machine y compris chaudière, barreaux, chanvre, graisse, à 25 fr. par cheval, 1.375...	4	58
Charbon pour les machines, 8 kil. par heure et par cheval ; $8 \times 12 = 96$, $96 \times 55 = 5280$ kil. à 40 c. les 100 kil. prix du voisinage des mines......	21	12
Un machiniste à 4 fr...........	4	
Un chauffeur à 2 fr............	2	
Usure des poulies, 200 fr. par an.....	0	66
Huile pour les poulies 300 fr.......	1	
Homme pour graisser...........	2	
Quatre hommes pour conduire les convois et les mettre en place, à 2 fr. l'un...	8	
Un câble de 4200 kil. coûtera 1 fr. le kil. (vente du vieux câble déduit); soit..... 4200 fr.		
Intérêt à 6 pour 100...... 252	0	84
En supposant la ligne suffisamment développée, l'usure du câble est estimée en Angleterre 1 cent. par tonne transportée, et par mille anglais de 1609 mètres ; ici la distance totale est 3,000 mètres. L'usure journalière sera donc environ 2 cent. par tonne, soit 12 fr. pour 600 tonnes.................	12	
Total....	72 f.	15 c.

Pour 72 fr. 15 on fera donc le service des 600 tonneaux sur 300 mètres, ce qui revient à 0f.04 par kil. et par tonne.

Supposons que cette remonte eût été faite par les chevaux, chaque chariot chargé offrant une résistance $=4\times20=$ 100 kil., et un cheval ne représentant qu'un effort de 60 kil. à son pas ordinaire, il eût fallu au moins 3 chevaux pour 2 chariots chargés; encore auraient-ils eu un travail très-pénible. Ces trois chevaux auraient fait cinq voyages en remonte, cinq en descente, total dix, et auraient conduit 10 chariots chargés. Pour les 200 chariots, il eût donc fallu $\frac{3}{10}\times200=60$ chevaux, dont la dépense aurait été $5\times60=300$ fr.

La descente des waggons vides eût été opérée par des hommes, mais un seul homme eût pu ramener plusieurs chevaux, et la pente n'étant pas forte, un autre aurait ramené une vingtaine et plus de waggons vides. On ne comptera donc rien pour la descente que nous avons prise en considération dans le compte du plan automoteur, parce qu'alors il s'agissait de la descente de chariots chargés sur une pente fort rapide.

La dépense par les chevaux serait donc égale à 300 fr. pour 600 tonnes, portées à 3,000 mètres, ce qui donne par kil. et par tonne 0 fr. 16,60. Avec les machines la dépense se borne à o fr. o4. Ainsi la dépense avec les chevaux est quadruple de la dépense avec les machines. Mais la proportion serait différente si la quantité du tonnage était variable, et se réduisait souvent à moitié.

Tel est l'usage ordinaire des machines stationnaires sur les chemins de fer. Mais on a été plus loin : on a prétendu qu'il serait avantageux d'appliquer à des parties de chemin de fer sensiblement horizontales, le même système de machines stationnaires tirant à de grandes distances, Dans les essais faits à cet égard, on a combiné le service des machines fixes, de manière qu'il se trouvât toujours un cable prêt à entraîner les chariots qui ne peuvent plus se mouvoir ici dans un sens ou dans l'autre par l'action de la pente seule. Cette disposition demande quelques explications pour être bien comprise.

Aux deux extrémités A et B de chaque relai, on place une machine stationnaire armée d'un tambour de rotation, qui porte un câble d'une longueur égale à celle du relai. Maintenant, supposons un de ces câbles déroulé et étendu sur toute la ligne de B en A , par exemple, et un convoi prêt à partir en A. On accroche le câble déroulé à l'avant de ce convoi, et à l'arrière on accroche l'autre câble encore enroulé sur le tambour de la machine A. Puis la machine B tire le convoi en enroulant le câble étendu, et la machine A déroule le câble que portait son tambour et qui suit le mouvement progressif du convoi : de sorte que, quand celui-ci est arrivé en B, le premier câble se trouve enroulé et le second étendu. Alors on détache le convoi, et, s'il y en a un prêt à partir en B, on attache à son avant l'extrémité du second câble, et à son arrière celle du premier. Puis la machine A le tire et la machine B développe successivement le premier câble qui suit le deuxième convoi, et qui se trouve étendu pour un troisième convoi partant de A. C'est cette manière d'opérer que l'on a désignée sous le nom de *système réciproque.*

Pour évaluer les frais d'un semblable système, supposons que l'on ait à transporter sur une distance horizontale de 3,000 mètres 900 tonneaux par jour, qui iront dans un seul sens, les chariots revenant vides : ces 900 tonneaux représenteront 300 chariots à 3 tonneaux par chacun d'eux. Si l'on employait des chevaux, on devrait les diviser par couples de deux, et leur donner habituellement 5 chariots chargés à conduire par deux chevaux, ensuite ces chevaux, reviendraient avec les mêmes chariots vides. Un cheval, faisant sous le collier environ 3,000 mètres dans sa journée, on peut supposer qu'il fera 12 voyages ou 36 kilomètres, n'étant que peu chargé pendant la moitié du trajet. Ainsi les deux chevaux feront 6 voyages avec 5 chariots chargés et 6 avec 5 chariots vides, ce qui fera en tout 30 waggons chargés et 30 vides. Pour opérer le mouvement entier, il faudra donc $\frac{300}{30}$ couples de chevaux ou 20 chevaux, lesquels à 5 fr. l'un, coûteront 100 f., ce qui élèverait les frais de transport à 3 centimes 70 par kilomètre et par tonne. A ce chiffre de 100 fr. on doit même ajouter 3 fr. pour les frais d'engravement de la voie destinée au parcours des chevaux, ce qui portera le prix de transport à 3 cent. 81 par kilomètre et par tonne.

Maintenant, si l'on place des machines stationnaires à chaque extrémité de la ligne, elles auront à vaincre des résistances différentes, puisque l'une aura à tirer les chariots vides et l'autre les chariots pleins. De plus on doit observer, comme dans l'exemple précédent, que les machines doivent avoir une vitesse de mouvement plus considérable que celles des chevaux, pour donner leur *maximum* d'effet, et ainsi il conviendra de régler proportionnellement le nombre des chariots de chaque convoi.

Supposons, comme dans l'exemple précédent, que les chariots devront parcourir les 3,000 mètres avec une vitesse de 3 mètres par seconde, ce qui portera le temps du trajet à un quart d'heure ou 20 minutes, en comptant 5 minutes pour le temps perdu à attacher et détacher les convois et les changer de place. Ainsi, en 12 heures de travail, il y aura 36 voyages, dont moitié pour les vides. Il y aura donc 18 voyages de waggons pleins, de sorte que chaque voyage se composera de 17 chariots.

Chaque convoi chargé, de 17 chariots, pèsera 4 t. $\times 17 = 68$ tonnes.

Résistance due au frottement des
17 chariots chargés. . . . 68 t. $\times 0.005 = 340$ kil.

Le câble de 3,000 m. devra avoir 4 p. ½ de circonférence et pèsera environ 1 kil.40 par courant. Son poids total sera donc 4200 k. dont le $\frac{1}{12} = 350$.

Résistance due au frottement du câble. . .   350
                                                    ————
                    Résistance totale. . .   690 kil.

La force d'un cheval de vapeur est égale à un poids de 75 kil. élevé à 1 mètre par seconde, ou à 25 kil. élevé à 3 mètres dans le même temps. En divisant la résistance totale, 690 par 25, nous aurons le nombre de chevaux que devra représenter la machine qui halera les chariots chargés; ce nombre est $27\frac{1}{2}$: on peut supposer 30 pour n'être pas en erreur.

Chaque convoi vide pèsera 17 tonnes à 1,000 kilomètres par chariot.

Résistance due au frottement des
17 chariots vides. . . . . $\dfrac{17000\,\text{k.}}{200}$ = 85 kil.

Le 2e. cable aura 3000 m. comme le précédent, mais il devra être moins fort. On peut le réduire à 1 kil. par mètre courant. Il pèsera ainsi 3000 kil. dont le $\frac{1}{12}$ = 250. 250

Total. . . . 335

$\dfrac{335}{35}$ = 13,4. Ainsi la deuxième machine devra représenter 14 chevaux environ ; on peut supposer de même 15 pour n'être pas en erreur.

Prix d'établissement du système réciproque.

Une bonne machine de 30 chevaux, telle que celles qui sortent d'Angleterre, coûtera au moins 1000 l. st. ou. 25 000

Le tambour et les engrenages, 200 l. st. ou. 5.000

Maison pour la machine et cheminée. 15.000

Réservoir d'eau et maison du machiniste. 5.000

50.000 fr.

D'autre part. . 50,000 fr.

Une machine de 15 chevaux, environ. 15.000
Tambour et engrenages. 4.500
Maison de la machine et cheminée. 12.000
Réservoir et maison du machiniste. 4 000

35.500

450 poulies de droites ou de courbes à 15 fr.
l'une en place. 6.750

Total. . . . 92.250 fr.

L'intérêt de cette somme de 92,250 fr., devra être toujours compté à 6 p. $\frac{0}{0}$ au moins,
au taux de l'intérêt commercial, ce qui donnera 5,535 fr.

Dépense journalière du système réci-
proque.

Par jour.

Intérêt de 92.250 à 6 $\frac{0}{0}$; 5.535 pour 300
jours de travail, où par jour. . . . . . 18 f.45 c.

Réparations et entretien des machines, y
compris les chaudières, les barreaux de
fer, le chanvre, la graisse, à 25 fr. par
cheval et par an, soit pour 45 chevaux,
force des deux machines, 1125 fr. ce qui
fait par jour. 3 75

Charbons pour les machines travaillant
12 heures par jour; 8 kilogrammes de
charbon par cheval et par heure font
pour 12 h. 96 kil., et pour 45 chevaux

Report. . . . 22 f. 20 c.

D'autre part. 22 f. 20

4.320 kil. à 40 cent. les 100 kil. , prix du lieu d'extraction. 17 28

Deux machinistes à 4 fr. l'un. 8

Deux chauffeurs à 2 fr. 4

Quatre hommes pour conduire les convois ou les mettre en place à 2 fr. 8

Usure des poulies environ 200 fr. par an. Comme plus haut, on compte en Angleterre 100 fr. par mille (1,600 $^{m.}$) de simple voie, ce qui fait par jour. . . . 0 66

Huile pour les poulies, 300 fr. ou par jour. 1

Homme pour graisser. 2

Deux câbles de 3000 mètres, pesant l'un 4200, l'autre 3000, total 7200 kil., couteront 1 fr. le kil. en déduisant la valeur du vieux câble, ce qui fait 7200 fr. l'intérêt de 7200 fr. à 6 p. %, est 432 fr. ou par jour. 1 44

En supposant la ligne développée sur de grandes courbes, l'usure des câbles est estimée à raison de 1 cent. par tonne, transportés à 1 mille anglais (1600 m). Ici nous avons donc 2 cent. pour l'usure correspondant à chaque tonne, et pour 900 tonnes. 18

Total. . . . 82 f. 58 c.

La dépense journalière par les chevaux, revient à. 103

Celle par les machines stationnaires revient à. 82 58

Différence. 0 42

Soit par tonne et par kilomètre —

Chevaux. . . . . $\dfrac{103}{900 \times 3} = 0\,\text{f.}\ 0380$

Machines. . . . . $\dfrac{82,58}{900 \times 3} = 0\,|\,0306$

Différence. . . . . $0\,\text{f.}\ 0074$

Ce qui produirait par an environ 6,000 fr. d'économie.

L'avantage du système réciproque sur les chevaux est donc assez faible, même pour un transport considérable et régulier, et certes un semblable avantage ne peut motiver une dépense de 90,000 fr. pour 3,000 mètres ou de 3,000 fr. par kilomètre, comme celle qu'entraîne l'établissement de ce système, d'après notre devis. Nous aurions pu prendre des distances moins grandes, de 1,500 mètres, par exemple, ce qui eût diminué le poids par mètre de chaque câble et la force des deux machines placées aux extrémités de la ligne ; mais, d'un autre côté, il aurait fallu une troisième machine à la station intermédiaire, ce qui eût augmenté l'intérêt annuel d'établissement, à cause des frais de construction des maisons, tambours, etc. Il aurait fallu aussi payer un mécanicien et un chauffeur de plus, de sorte que les deux comptes se balanceraient presque exactement.

Pour que le système réciproque puisse s'établir avec quelque succès, il faut que les expéditions de convois se fassent d'une manière très-régulière, il faut que la houille soit à très-bas prix, qu'il n'y ait pas de chemins traversant la ligne, sans quoi il faut des hommes postés, pour placer et déplacer le câble; et, quand ces conditions seraient réunies, on devrait craindre encore l'interruption du service résultant de la rupture des câbles. Delà résulte que ce système est uniquement applicable à des localités particulières, et ne peut s'étendre à plus d'une ou deux stations, sans quoi les chances d'interruption dans le service général deviennent trop sensibles. Aussi ce système n'a-t-il été jamais employé que sur deux chemins de fer des environs de Newcastle, ceux qui exportent les produits des deux mines d'Hetton et de Brunton. On l'avait proposé pour le chemin de Manchester à Liverpool; mais il a été rejeté, après une discussion sérieuse de ses graves inconvéniens. En effet il aurait exigé l'établissement de dix-sept stations, et le moindre accident arrivé à l'une d'elles, eût pu entraver tout le mouvement pendant un jour entier.

Au souterrain percé sous Liverpool pour le passage de ce chemin de fer, le service de la remonte et de la descente des waggons est opéré au moyen d'un câble sans fin manœuvré par deux machines stationnaires placées au sommet. De cette manière, le service peut se faire plus régulièrement que lorsqu'il faut attendre le retour du câble, comme sur les chemins des environs de Newcastle. Le souterrain de Liverpool présente deux voies continues, dont chacune est garnie de poulies. Au bas et au sommet, se trouvent deux tambours, et le câble sans fin va de l'un à l'autre en passant sur les deux lignes de poulies. La difficulté de ce système consiste à bien tendre le câble pour l'empêcher de glisser, quand le tambour supérieur est mis en mouvement par les machines fixes. Cette tension s'opère au moyen d'un contrepoids placé dans un puits creusé à la station supérieure, et dont la chaîne est fixée sur un petit chariot qui roule dans un chemin creux pratiqué sous le chemin de fer. A l'autre extrémité de ce petit chariot, on accroche un bout du grand câble qu'on passe ensuite sur le tambour supérieur, et qu'on étend sur une ligne de poulies jusqu'au tambour inférieur. Il fait un tour sur celui-ci, et remonte par la deuxième ligne poulies jusqu'au tambour supérieur sur lequel il fait encore un demi-tour, et s'arrête au petit chariot auquel son deuxième bout se trouve fixé comme le premier. Par cette disposition, le contrepoids agit à la fois sur les deux bouts du câble, et le tient fortement serré contre les tambours. Le câble étant double en longueur du souterrain, son frottement se trouve presque doublé. De là résulte qu'il a fallu placer deux machines de cinquante chevaux chacune pour le service de ce souterrain, dont la pente n'excède pas deux centimètres par mètre, et les frais d'entretien d'un pareil câble, des deux rangs de poulies, et des deux machines, sont assez considérables pour prouver l'importance que les Anglais attachent à assurer la régularité du service sur un chemin de fer.

Pour remédier à l'usure rapide des câbles en chanvre, on a tenté de leur substituer des chaînes en fer. Il existe une chaîne semblable sur un plan incliné près de Crompfort ; mais ces chaînes présentent le même inconvénient que les câbles en chaînes de fer des ponts suspendus. Un seul anneau qui lâche, par suite d'un vice du métal ou d'une mauvaise soudure à la forge, entraîne la rupture immédiate de la chaîne entière, et cause les plus graves accidens. Il me semble, par cette cause, que les câbles en chanvre doivent offrir plus de sûreté.

CHAPITRE IV.

Machines locomotives.

Les machines à vapeur fixes que l'on emploie dans les usines de toute nature, peuvent être très-pesantes et très-volumineuses dans leurs dimensions, sans qu'il en résulte un inconvénient très-sensible. Déjà, pour les bateaux à vapeur, cette liberté de poids et de développement se trouve diminuée, surtout pour ceux destinés à la navigation des rivières peu profondes, où le plus ou moins de tirant du bateau modifie singulièrement la rapidité de sa marche. Mais les conditions d'exécution deviennent bien plus difficiles pour les machines locomotives ; car alors l'ensemble de la machine doit porter sur quatre ou six roues au plus, qu'on ne peut surcharger au delà d'un certain poids, et de plus ce même ensemble doit être contenu dans certaines limites fixes de largeur, de hauteur et de longueur, qu'il est rigoureusement impossible de dépasser : car d'une part, il faudrait donner des dimensions très-coûteuses aux percemens, aux ponts et en général à la ligne même du chemin, si elle était composée de deux voies comme il arrive généralement ; et, d'un autre côté, une trop grande longueur, répartie même sur un nombre suffisant de roues, présente un obstacle très-grand au mouvement de la machine dans les courbes, au point d'absorber presque entièrement la force qu'elle pourrait développer. Cette difficulté d'exécution des machines locomotives explique comment il s'est écoulé un si long espace de temps depuis leur première invention, depuis l'année 1769, date du brevet général de M. Watt sur les machines à vapeur où elles se trouvent indiquées, jusqu'à l'époque où elles ont commencé à devenir un objet de fabrication courante, susceptible d'alimenter des ateliers spéciaux de construction.

Les machines locomotives devant être aussi légères et aussi compactes que possible, on comprend qu'elles doivent-être débarrassées de tout l'appareil nécessaire à la condensation, et qu'ainsi elles rentrent complétement dans la classe des machines dites *à haute pression*, où la vapeur agit à une pression de plusieurs atmosphères. De plus, l'appareil destiné à la production de la vapeur ne peutêtre aussi étendu que dans les machines fixes, et conséquemment, pour qu'elles puissent être capables d'exercer un puissant effort, malgré cette limitation forcée des dimensions de leurs chaudières, il faut chercher à perfectionner les moyens ordinaires de produire de la vapeur, de manière à augmenter considérablement la quantité produite en un temps don-

ne par une chaudière de petite dimension.
C'est dans la solution de ce problème que
réside la principale difficulté de ce genre de
machines.

La première machine locomotive a été construite en Angleterre par Trevithick, ingénieur
anglais qui a considérablement contribué au
perfectionnement des machines à haute pression. Sa machine était composée d'une chaudière cylindrique montée sur quatre roues,
et portait un cylindre qui agissait sur ces
roues. Elle fut essayée sur un chemin à rails
plats du pays de Galles, en 1806, et ne put
produire qu'un effet assez faible; ce que l'on
attribua alors au défaut d'adhérence de la
roue avec la surface du rail sur laquelle elle se
mouvait. Pour comprendre le mouvement
d'une machine locomotive, il faut considérer
que la surface du rail et celle de la jante de
la roue sont hérissées de petites saillies in-
sensibles à l'œil, qui agissent comme autant
de petites dents d'engrenage; de sorte que,
lorsque le piston presse la bielle qui est fixée
à la roue de la machine et tend à faire tourner celle-ci, la roue s'appuie contre la surface
du rail, comme le pignon d'un cric qui commence à se mouvoir, s'appuye sur la crémail-
lère. Si la résistance que la machine doit
vaincre pour avancer est supérieure à sa force,

ce qui arrive si le nombre et le poids des chariots qu'elle se trouve avoir à conduire est trop considérable, ou bien si la pente à monter est trop rapide, les petites dents fléchissent, et les roues glissent en arrière au lieu d'avancer. Ce glissement fut le premier défaut que l'on reconnut dans la machine de Trevithie, et cette observation tourna de suite les idées vers les moyens de rendre le contact de la roue de la machine sur le rail beaucoup plus énergique, tandis que le principal défaut de cette machine, et de celles qui l'ont suivie, consistait dans le peu d'étendue de la surface de chauffe de la chaudière, qui ne produisait en conséquence qu'une quantité de vapeur trop petite pour l'effort qu'elle avait à vaincre.

M. Brunton inventa de faire agir le piston non plus sur les roues, mais sur des espèces de pieds en fer qui s'appuyaient sur le sol, et poussaient la machine, comme les pieds de derrière d'un cheval le poussent en avant. M. Chapman pensa que le meilleur moyen était de placer de distance en distance, au milieu de la voie, des points fixes sur lesquels se halerait la machine en enroulant un câble sur un tambour qu'elle porterait, et qu'on détacherait dès que la machine serait arrivée a chaque point fixe. Un troisième, M. Blenkinsop, trouva mieux de former un des côtés de la voie avec des bandes en fonte garnies sur le côté de dents demi-circulaires, avec lesquelles venait s'engrener une roue particulière portée par la machine. Les cylindres agissant de manière à faire tourner cette roue, la machine suivait son mouvement, et se portait en avant sans que les autres roues pussent glisser sur les bandes.

Un chemin construit sur ce dernier modèle existe encore près de Leeds, et il est parcouru plusieurs fois par jour par une machine locomotive qui amène à Leeds par chaque voyage jusqu'à vingt-cinq chariots chargés de charbon tiré d'une exploitation voisine. Le succès de M. Blenkinsop donna quelque vogue à son invention. Mais bientôt on reconnut que ce chemin de fer ayant une pente sensible de la mine vers Leeds, la machine de M. Blenkinsop devait être aidée par cette pente. Cette remarque, jointe à l'excédant de la dépense qu'entraînait la confection de bandes ainsi garnies de dents latérales, empêcha le chemin de Leeds de trouver des imitateurs. Au fait, on doit reconnaître que la machine de ce chemin produirait autant d'effet si la roue d'engrenage était supprimée, et si les pistons des cylindres agissaient directement sur les quatre roues qui portent sur le rail.

Des essais faits à Killingworth, en em-

ployant ce dernier moyen, ramenèrent enfin
les idées vers le véritable défaut des machines
locomotives. On trouva par expérience que la
machine, agissant par l'adhérence seule de ses
roues contre le rail, pouvait se mouvoir sans
glisser sur des pentes ascendantes qui allaient
à plus d'un centimètre par mètre. Lorsqu'on
lui accrochait un trop grand nombre de chariots, la machine partait et faisait tourner ses
roues sans glisser, mais elle s'arrêtait dès que
la vapeur, accumulée dans la chaudière au
moment du départ, se trouvait épuisée par le
jeu des cylindres. Dès lors on comprit que
c'était vers l'amélioration des moyens de
produire de la vapeur, et conséquemment de
la force, que devaient se diriger les perfectionnemens.

La *fig*. 31 représente une des machines employées en 1825 sur le chemin de Darlington,
qui a 40 kilomètres de longueur, et qui, après
celui de Liverpool à Manchester, est le plus
grand qui existe en Angleterre.

La chaudière est un cylindre en tôle, fixé sur
les quatre boîtes ou coussinets qui embrassent
les deux essieux de la machine, et traversé au
milieu par un tuyau circulaire également en
tôle. Ce tuyau contient le foyer de la machine,
et communique, par son extrémité antérieure,
à l'orifice inférieur d'une cheminée circulaire

en tôle qui a huit à dix pieds de hauteur. Au-dessus de la chaudière, s'élèvent deux cylindres à demi enfoncés dans son intérieur, et dans lesquels se meuvent les pistons. La tige de ceux-ci est surmontée d'un fléau dont les deux extrémités portent deux bielles placées symétriquement des deux côtés de la chaudière. Chacune de ces bielles correspond à une des roues du même essieu, et son extrémité est fixée sur un rayon, de sorte que chaque piston fait tourner un essieu. (Voyez la *fig.* 31.)

L'eau nécessaire à l'alimentation de la chaudière, ainsi que le charbon nécessaire à la combustion, sont portés sur un chariot particulier, et joints à la machine dont les quatre roues ne pourraient supporter cet excédant de poids. L'eau est placée dans un réservoir en tôle assez élevé pour faciliter sa descente par un tuyau de cuir, jusqu'au bas d'une pompe alimentaire qui la fait entrer dans le cylindre. Le même chariot porte le mécanicien chargé de diriger la machine, et son aide qui lui sert de chauffeur, et qui recharge de temps à autre le combustible sur la grille. La forme et la disposition de ce chariot, qu'on appelle le *tender* en Angleterre, est à peu près la même pour les diverses machines locomotives.

Dans ces machines, la vapeur était formée

sous une pression de cinquante livres anglaises par pouce carré, ce qui revient à trois atmosphères un tiers, indépendamment de la pression de l'atmosphère. Cette même pression a été adoptée généralement pour les machines locomotives.

La machine que nous venons de décrire présente plusieurs défauts graves. Le premier et le principal, c'est le peu d'étendue de sa surface de chauffe; car le diamètre du tuyau intérieur étant de deux pieds, et sa longueur de neuf pieds, mesure anglaise, cette surface de chauffe se trouve réduite à cinquante-quatre pieds carrés. Or, dans les machines ordinaires, on compte qu'il faut 8 pieds anglais carrés de surface de chauffe pour évaporer 1 pied cube d'eau par heure, ce qui représente une force de cheval. Ainsi, la machine locomotive que nous venons de décrire ne pouvait évaporer par heure que 6 à 7 pieds cubes d'eau : ce poids correspond à une force de 6 à 7 chevaux, au plus. Encore faut-il supposer que son foyer avait une combustion aussi active que les grands foyers des machines fixes, sous le tirage de leurs grandes cheminées. Mais il n'en était pas ainsi : car il ne pouvait résulter qu'un tirage très-imparfait d'une aussi petite hauteur de cheminée que 10 pieds, et

ce défaut ne semblait guères possible à corriger, puisque la hauteur de la cheminée est
limitée par deux causes : l'une, c'est l'élévation
qu'il faudrait donner aux passages souterrains
ou aux ponts destinés à la traversée des chemins vicinaux et des routes ordinaires, élévation
qui entraînerait des dépenses très-considérables ; l'autre, c'est le balancement qu'un tuyau
trop long communiquerait à la machine en
mouvement. De plus, cette machine posait
directement sur les essieux, de sorte que ses
diverses parties étaient fortement secouées par
l'action alternative des pistons agissant sur les
roues, et tous les joints se trouvaient ainsi
exposés à se désunir promptement. Enfin le
tube intérieur en tôle, dont nous avons parlé
plus haut, était rongé très-rapidement par
l'action de la flamme, et devait être changé
au moins deux ou trois fois par an.

Tel était en Angleterre l'état de la construction de ces machines, lorsqu'en 1829 les directeurs de la compagnie du chemin de Liverpool
à Manchester, incertains sur le choix des moteurs qu'ils devaient employer, ouvrirent un
concours pour les machines locomotives, et
promirent un prix de 500 liv. sterl. pour la
machine qui remplirait certaines conditions
de force, de légèreté et de rapidité qu'ils fixè-
rent dans le programme du concours.

Il fallait, 1°. que la machine fût capable d'entraîner 20 tonnes à raison de 10 milles (16,000 kil.) à l'heure, en parcourant une partie de leur chemin de fer, déjà achevée et sensiblement horizontale ; 2°. qu'elle ne pesât que 4 tonnes et demie, ce poids devant être compris dans la charge de vingt tonneaux qu'elle devait entraîner ; 3°. enfin, la machine devait être portée sur des ressorts, et la pression ne pouvait être au-dessus de 3 atmosphères un quart, soit 50 livres par pouce carré.

L'effort exigé par les directeurs était au-dessus de la puissance des anciennes machines. Il fallait donc augmenter cette puissance. Mais, d'un autre côté, la machine demandée ne devait pas s'écarter des limites de poids fixées par le programme. Dès lors, l'esprit inventif des constructeurs dut se tourner tout entier vers les moyens d'augmenter la surface de chauffe et la production de vapeur, sans augmenter le poids de la machine.

L'un d'eux, M. Hackworth, doubla le tube intérieur des machines de Darlington, et réunit ses deux tubes par une calotte demi-sphérique qui servait à la circulation de la flamme du tuyau d'en bas au tuyau supérieur. Un autre, M. Braithwaite, introduisit dans sa chaudière un long tube plié en spirale comme un serpentin, et destiné à promener l'air chauffé dans le milieu même de l'eau ; l'air était aspiré dans ce tube par un ventilateur mu par la machine. Enfin, un troisième, M. Stephenson, ingénieur du chemin de Liverpool, et constructeur de machines locomotives à Newcastle, présenta une machine dont la chaudière cylindrique était traversée dans sa partie inférieure par 25 petits tuyaux creux en cuivre, de 2 pouces de diamètre, dans lesquels s'engageait la flamme au sortir du foyer. Ce procédé permettait ainsi à la flamme de circuler dans toutes les parties de la masse liquide, et donnait une surface de chauffé supérieure à celle des deux autres machines.

La machine de M. Hackworth avait une surface de chauffe égale environ à 8 mètres carrés.
Celle de M. Braithwaite qui ne pesait que trois tonnes avait une surface de. . . . . 5 à 6
Et celle de M. Stephenson, une surface de. .   12

Ce fut aussi cette dernière qui gagna le prix proposé par la compagnie de Liverpool. Dans le même temps, et même avant les essais de Liverpool, M. Seguin aîné faisait des essais sur un système semblable de chaudière traversée par des tuyaux, dans les chantiers de la compagnie du chemin de fer de St.-Etienne à Lyon. Un brevet même avait été pris par ses directeurs, une année avant cette époque.

Ainsi cette invention peut à juste titre être regardée comme une invention française.

Quoi qu'il en soit, ce système de chaudière
à petits tuyaux horizontaux, pour la circulation de la flamme, est encore aujourd'hui
le meilleur qu'on connaisse pour obtenir facilement une grande évaporation. Un grand
nombre d'essais ont bien été tentés, soit par
M. Braithwaite pour perfectionner sa première machine, soit par M. Gurney et d'autres
ingénieurs pour activer l'évaporation dans les
machines qu'ils ont mises en mouvement sur les
routes ordinaires. Le principe général de ces
essais était d'employer le système des petits
tuyaux d'une manière différente de celle déjà
connue; et la complication de leurs appareils
n'a pu admettre un service de longue durée.
Aussi le système des chaudières à tuyaux horizontaux est-il uniquement employé aujourd'hui
sur le chemin de Liverpool à Manchester, et
sur les chemins de fer déjà établis en France.

Après avoir ainsi exposé les principes généraux qui doivent diriger dans la construction
des machines locomotives, et décrit rapidement l'histoire de leurs progrès successifs, depuis la première invention de ce nouveau
genre de moteur, je vais examiner les divers
détails dont se compose l'ensemble d'une machine locomotive et les procédés adoptés dans

la pratique pour leur exécution. Avant d'entrer dans cet examen, je dois dire qu'il n'existe encore aucun système adopté d'une manière définitive pour la disposition des diverses parties dont se compose une machine locomotive. Bien que, sur le chemin de Liverpool à Manchester, le nombre des machines employées s'élève à plus de 30, ces machines varient entre elles dans leurs proportions et leur assemblage, de sorte que les essais journaliers qui ont eu lieu sur ce chemin en font une véritable école de construction pour les machines locomotives. Toutefois, beaucoup de défauts ont été déjà reconnus et évités; plusieurs méthodes de coordonner l'ensemble de la machine ont été abandonnées après une expérience suffisante, et la connaissance de ces tentatives et des résultats qu'elles ont produits pourra être utile à toutes les personnes qui voudront s'occuper de semblables constructions.

DISPOSITION GÉNÉRALE DE LA MACHINE.

Cylindres. — Roues. — Essieux.

Le bâti de la machine se compose d'un cadre oblong en fer ou en bois qui porte la chaudière et auquel se rattachent les cylindres et les pompes alimentaires. Afin d'amortir les secousses accidentelles produites dans la marche et de ménager l'assemblage des diverses parties de la machine, ce cadre est soutenu par des ressorts fixés directement sur les boîtes des essieux. Ces ressorts peuvent se mettre de deux manières, soit au-dessous du cadre, soit au-dessus; dans ce dernier cas, le cadre est supporté par les deux extrémités du ressort dont le milieu est fixé sur une tige de fer, traversant le bâti et posant sur la boîte. Cette dernière disposition est assez fréquente sur le chemin de Manchester à Liverpool; elle présente l'avantage de baisser le centre de gravité du système et de diminuer ainsi l'étendue de ses oscillations; quelquefois aussi on place les ressorts sous les essieux, ce qui remplit le même objet.

Chaque machine présente deux cylindres à vapeur appliqués contre la chaudière. Dans les premières machines qui ont suivi celles de Darlington, que nous avons décrites plus haut, les cylindres étaient placés verticalement chacun d'un côté, et l'action de leur piston se transmettait au moyen d'un balancier et de bielles aux deux roues situées du même côté. Dans cette disposition, les points de réunion des rayons des roues et des deux bielles placées de chaque côté doivent être à angle droit, l'un de l'autre. Cette précaution est indispensable pour que la machine puisse se mettre en mouvement sans difficulté. Autrement, les deux bielles, s'arrêtant dans la direction verticale au *coup mort*, il faudrait les déplacer à force de bras pour que la machine commençât à agir. Les machines du chemin de fer de Saint-Étienne à Lyon sont construites sur ce système.

Plus tard on modifia cette disposition en changeant la direction verticale des cylindres. On trouva plus convenable de leur donner une direction inclinée à 45 degrés sur le cadre de la machine, en les faisant agir directement sur les roues de devant. Les roues de derrière étant unies à celles-ci au moyen de deux tiges rigides fixées contre les rayons, l'effet total des pistons se trouvait réparti sur les deux essieux. Cette invention présentait deux avantages; l'un consistait dans la suppression des balanciers et de tout leur attirail qui devenait inutile, puisque la tige

de chaque piston n'avait plus besoin que
d'une bielle très-courte pour agir sur la
roue ; l'autre était de diminuer fortement
le mouvement alternatif d'oscillation de la
machine, mouvement qui est très-sensible
avec les cylindres verticaux, et qui tend à
détruire la solidité des joints de la chaudière
et des autres parties. Rappelons encore que,
dans cette disposition, les points de réunion
des deux bielles avec les rayons sont à angle
droit l'un de l'autre sur les deux roues correspondantes à un même essieu. Les premières machines du chemin de Manchester
furent construites sur ce modèle. (*Voy.* la
fig. 32.)

L'expérience sembla montrer que l'inclinaison des cylindres pouvait être augmentée avec
avantage pour diminuer les secousses latérales,
et l'on finit par les placer presque horizontalement ; alors on inventa de les établir sous la
chaudière, à l'extrémité opposée au foyer (*Voy*.
la fig. 33). Cette disposition avait deux buts :
l'un, de pouvoir lancer très-directement dans
la cheminée la vapeur qui sort des cylindres
et qui sert de soufflet pour alimenter la combustion, comme nous le verrons plus loin ;
l'autre, de faire agir les tiges des pistons, non
plus sur les rayons des roues, mais sur l'essieu

même qui est coudé à cet effet aux deux points
où s'attachent les bielles des pistons. La communication de mouvement du piston à l'essieu
se fait ainsi de la même manière que dans les
bateaux à vapeur, et elle présente le grand
avantage de ne pas tendre à tordre l'essieu,
comme on peut le craindre du système précédent, où la communication de mouvement se
fait extérieurement sur les roues.

Ce système d'essieu coudé est assez généralement adopté sur le chemin de Manchester à
Liverpool ; cependant, il présente encore des
inconvéniens graves. En effet, si la machine re-
çoit un choc accidentel, si elle sort des rails,
par exemple, il arrive immanquablement que
l'essieu coudé se fausse, et cette inflexion, toute
légère qu'elle est, a le plus grand effet sur la régularité de la marche des roues et de toute la
machine ; alors il faut un démontage complet
pour dresser l'essieu endommagé. Si ce même
essieu casse, ou s'il vient à s'user, il devient
assez difficile de se procurer immédiatement
son remplaçant ; car ces arbres à deux mani-
velles sont des pièces de forge difficiles et chè-
res, dont l'une ne se peut substituer aisément
à l'autre. Dans l'autre système, l'essieu peut se
fausser également, mais cette inflexion est facilement redressée à la forge : ou, si l'essieu casse,
il est facile d'en avoir de suite un autre de

même calibre pour le remplacer. Au reste, les essais continuels qui se font sur le chemin de Liverpool, fixeront avant peu sur la méthode préférable pour la disposition des cylindres, et corrigeront les autres imperfections qui restent encore aujourd'hui dans la construction des machines locomotives.

A chaque cylindre est jointe une pompe alimentaire dont la tige est réunie à celle du piston, de manière à en recevoir son mouvement, ou encore, dans le système des cylindres verticaux, la tige de cette pompe est attachée au balancier. L'introduction de la vapeur dans les cylindres se fait par deux soupapes à tiroir, seul système qui ne perde pas la vapeur soumise à de hautes pressions. Leur jeu est réglé généralement par des bielles que met en mouvement un excentrique placé sur l'essieu; mais ce mode assez compliqué présente des inconvéniens pratiques, surtout lorsqu'on veut faire marcher la machine en arrière. Sans entrer ici dans des explications qui ne peuvent être bien comprises que sur la machine même en mouvement, on comprend qu'il existe une relation importante à établir entre le jeu du tiroir et celui du cylindre correspondant, de manière que la soupape d'admission soit toujours ouverte, juste au moment où le piston arrive à la fin de sa course, et que la vapeur ait le temps d'un côté de s'introduire dans le cylindre, et de l'autre de s'en échapper. Si la soupape ouvre trop tard, le piston ne recevra l'action que d'une quantité de vapeur assez faible, tandis qu'il éprouvera d'autre part une plus vive résistance de la part de la vapeur qui n'aura pu s'échapper; conséquemment son mouvement sera ralenti. Or, avec les excentriques, il arrive que cette relation des mouvemens du piston et de la soupape ne peut parfaitement s'établir que lorsque le piston agit toujours dans le même sens. Il est vrai qu'on peut, aux points d'arrivée, retourner la machine au moyen d'un plateau tournant, de sorte qu'elle fasse tourner ses roues dans le même sens, soit qu'elle aille ou qu'elle revienne. Cette manœuvre s'exécute au chemin de Liverpool à Manchester; mais comme elle est encore assez difficile, on a préféré, au chemin de Saint-Etienne à Lyon, supprimer les excentriques et faire mouvoir la tige du régulateur au moyen de la tige du piston même. Celle-ci, à cet effet, porte une pièce en saillie qui vient frapper successivement deux autres petites pièces placées sur la tige du tiroir, de manière à la hausser ou la baisser alternativement. Le choc de ces pièces l'une sur l'autre peut être d'ailleurs amorti par de petits ressorts à boudins.

La grandeur des roues dépend naturellement de la vitesse que l'on veut donner à la machine. Au chemin de Manchester à Liverpool, où l'on a surtout cherché une grande vitesse, les roues sur lesquelles agit le piston ont environ 1^m,50 de diamètre. Lorsque les cylindres se fixent latéralement à la chaudière, ils sont placés au-dessus des roues de l'arrière; alors, s'ils ont une inclinaison moindre de 45 degrés, il devient nécessaire de diminuer beaucoup le diamètre de ces roues et de les réduire à 0.76 ou 80 c., suivant la dimension des roues ordinaires des chariots. (*Voy*. la fig. 32.) Cette différence de diamètre des roues d'arrière et d'avant présente un inconvénient; elle ne permet pas de joindre ensemble par une tige rigide ces deux systèmes de roues, jonction très-importante pour la force d'adhérence de la machine sur le rail. Cet inconvénient était peu sensible dans les commencemens du chemin de Manchester, parce que les convois n'étaient composés que de quatre à cinq chars pleins de voyageurs; mais pour les forts convois de marchandises pesantes, l'égalité des roues d'arrière et d'avant et leur réunion par une tige rigide, deviennent presque indispensables pour que la machine ne glisse pas sur les pentes. On peut obtenir facilement cette égalité des roues lorsque les cylindres sont placés à peu près horizontalement sous la chaudière. Dans ce cas, on peut donner aux quatre roues un diamètre de 1^m,50c.

Lorsque les machines ne doivent pas aller avec une extrême vitesse, il convient de diminuer le diamètre des roues, pour pouvoir traîner une plus grande charge : car la vitesse du piston doit être sensiblement la même dans l'un et l'autre cas. Sur le chemin de Saint-Etienne à Lyon, sur celui de Darlington à Stokton, où les machines ne font guères que 10,000 mètres à l'heure en conduisant des convois uniquement chargés de marchandises, le diamètre des roues ne va qu'à 1^m,15 ou 1^m,20.

La longueur de la course du piston est nécessairement proportionnelle au diamètre des roues.

Dans les machines de Manchester, le piston a 16 pouces anglais, ou 40 cent. de course ; la manivelle coudée de l'essieu a conséquemment 8 pouces, et la circonférence de la roue développée par chaque double coup de piston est égale à 4^m,70. Or, on sait que la vitesse qu'il est convenable de donner au piston des machines à vapeur, est égale à 1^m. par 1″. Ainsi, le piston ayant 40 centimètres de course, devra faire par 1″ un double coup, plus $\frac{1}{2}$ coup simple, ce qui correspondra à un développement de 1 fois $\frac{1}{4}$ la circonférence de la roue, ou à 5^m,88. Cette vitesse représente 412^m,80 par minute, ou 24.780 mètres par heure. Les cylindres ont d'ailleurs 11 à 12 pouces anglais (27 à 30 cent.) de diamètre.

Au chemin de Lyon, les cylindres n'ont que 8 pouces français environ de largeur, soit 22 cent. de diamètre. Le piston a 21 pouces, soit 57^c,50 de course. L'extrémité de la bielle qu'il manœuvre est fixée à moitié des roues, et parcourt ainsi un cercle dont le diamètre a 57^c,50. La vitesse du piston étant supposée de 1^m. par 1$''$, il fera un peu moins d'un double coup complet par 1$''$, il fera un coup et $\frac{3}{4}$ de coup : ce qui correspondra, pour le développement de la roue, à $\frac{7}{8}$ de circonférence, ou à 3^m,25. Cette vitesse donne environ 11,000^m. à l'heure.

Les roues sont généralement en bois de chêne ; elles sont revêtues de deux cercles en fer superposés, qui ont chacun 3 à 4 centimètres d'épaisseur, et dont le dernier porte le rebord nécessaire pour retenir la roue sur le rail. Les emmanchages des rayons et de la jante, ainsi construits en bois, sont sujets à se déranger par l'humidité et la sécheresse. Pour y remédier, on a essayé de construire des roues en fonte ; mais l'expérience a démontré que la fonte n'est pas assez flexible pour donner une adhérence suffisante sur le rail, et qu'elle glisse trop facilement. De là il résulte que les roues en fonte, employées à Darlington pour les machines locomotives, sont doublées d'un cercle en fer laminé, parce que le fer laminé étant plus ductible, s'applique mieux sur la bande contre laquelle la machine doit s'appuyer dans son mouvement.

On a tenté aussi de confectionner des roues en fer forgé ; mais les rayons solides en fer présentent trop de raideur pour permettre à la circonférence de s'appliquer parfaitement sur le rail. A ce sujet, on a essayé un système de roues inventées par M. Jones de Londres. Dans les roues de M. Jones, les rayons ne sont pas fixés contre le moyeu, ils sont simplement retenus par des écrous placés dans l'intérieur du moyeu qui est creux, et peuvent prendre ainsi un certain jeu, de sorte que le moyeu et l'essieu sont toujours suspendus anx rayons supérieurs. C'est ainsi qu'était montée la machine à vapeur, essayée par MM. Braithwaite et Ericson, sur le chemin de Manchester. Mais cet assemblage mobile des rayons dans le moyeu semble présenter bien peu de solidité pour résister aux chocs que la pulsation des pistons imprime toujours à la machine en mouvement. Le roulage anglais des routes ordinaires emploie bien des roues à jantes et rayons en fer; mais dans celles-là les rayons sont fixes.

En définitive, on emploie généralement le

bois pour les roues de machines locomotives,
parce qu'il se prête mieux à la flexion que doit
éprouver la circonférence de la roue quand
la machine s'appuie sur le rail. Le moyeu seul
est en fonte. En Angleterre il est d'une seule
pièce, avec des encastrures, pour loger l'extrémité des rayons. En France, on l'a séparé en
deux pièces circulaires parallèles, dont chacune présente la moitié de l'encastrure pour
chaque rayon, et que l'on serre fortement
l'une contre l'autre avec des boulons.

Les deux bandes de fer qui sont superpo-
sées sur la jante en bois sont courbées en les
faisant passer entre deux rouleaux, et on les
fixe avec des boulons noyés sur leur circonférence. Il est de la plus grande importance
que le cercle extérieur soit en fer de première
qualité ; car le frottement énergique qu'il
exerce contre le rail l'use très-rapidement,
et ce renouvellement des jantes en fer est une
des principales réparations auxquelles sont sujettes les machines locomotives.

Quand les cylindres sont situés latéralement,
et que la bielle du piston est attachée sur le
cercle extérieur de la roue, les boîtes dans
lesquelles tournent les essieux doivent être
nécessairement placées entre les deux roues
d'un même essieu. Quand les cylindres sont
sous la chaudière, et agissent sur un essieu

coudé., rien n'empêche de placer les boîtes à l'extérieur et sur le prolongement des essieux. Cette disposition donne plus de largeur au cadre de la machine qui se trouve immédiatement au-dessus. Elle laisse aussi plus de liberté pour l'arrangement des tiges de communication, qui partent des diverses pièces mobiles de l'appareil, et se rendent sous la main du machiniste placé sur le fourgon. Ces tiges lui servent à régler l'admission de la vapeur dans les tiroirs, et l'alimentation de l'eau. Plusieurs machines du chemin de Manchester sont montées sur des boîtes ainsi placées par côté, et, comme pour les chariots, on a diminué, au collet qui porte les boîtes, le diamètre du bouton qui forme le prolongement de l'essieu, de manière à réduire la quantité de force employée par la machine à vaincre ses propres frottemens (*fig*, 33).

Les essieux ont 9 à 10 centimètres de diamètre, et les boîtes sont un peu plus fortes que celles des waggons ordinaires. Généralement elles sont disposées comme celles des waggons de Lyon; étant retenues en place par une pièce en fer à deux oreilles, comme on le voit *fig*. 33. Cette disposition est très-bonne pour que les ressorts ne se déjettent pas dans un sens ou dans un autre.

L'alimentation d'huile ou de graisse se fait

suivant les mêmes procédés que nous avons décrits à l'article des waggons.

Toutes les pièces tournantes des machines anglaises sont trempées en paquet ; cet aciérage donne plus de durée à ces pièces, et plus de précision à leurs mouvemens Sur les points d'assemblage des bielles des pistons et des tiges des excentriques, on dispose même des petits réservoirs d'huile ou de graisse pour adoucir le frottement de ces différentes pièces dans la marche.

Combustible employé au chauffage de la chaudière.

Le combustible employé pour les machines locomotives est de la houille ou du coke. La houille exige une ventilation moins puissante dans le foyer ; mais une fois cette ventilation obtenue, le coke est de beaucoup préférable. Il ne fait presque point de fumée, et c'est un avantage capital, lorsqu'on doit conduire des voyageurs, que la fumée de houille incommode fortement, soit dans les passages souterrains, soit lorsque le vent est contraire à la direction du mouvement de la machine. Ensuite, le foyer étant nécessairement petit, il est indispensable de brûler toujours une houille de première qualité ; car les barreaux s'empâtent promptement par les résidus siliceux que laisse la combustion de la houille médiocre, et alors l'air circule mal dans le foyer. Il faut de plus que cette houille ne soit pas de nature grasse ; car alors elle se collerait et empêcherait de même la circulation de l'air. Enfin, elle doit être en morceaux d'une certaine dimension pour brûler toujours vivement et sans interruption. Ces diverses conditions rendent assez difficile, même à la proximité des bassins houillers, d'obtenir facilement de la houille propre aux machines locomotives ; tandis qu'on peut généralement obtenir de très-bon coke à un prix modéré, parce qu'il se fait avec du charbon menu, qui est toujours à bas prix. Ainsi, sur le chemin de Saint-Étienne à Lyon, la houille destinée aux machines locomotives coûte de 1,50 à 1,60 les 100 kilog. ; tandis que de l'excellent coke, propre au même usage, ne coûte que 70 à 75 c. le même poids. Quant à la consommation de l'une ou l'autre espèce de combustible, l'expérience, sur le même chemin, a donné les résultats suivans pour un trajet journalier de 65 kilomètres.

	Consommation		Prix par jour.	
Machines brûlant de la	hect.	kill	fr.	fr.
houille.	10 soit 800	à 1,55. .	12.40
Machines brûlant du coke.	800	0,72. .	5,56
		Différence. .	6,84

Ainsi, en comptant 300 jours de travail, on obtient, en brûlant du coke, une économie annuelle de 2,052 fr. Le coke nécessite seulement des foyers un peu plus étendus que la houille.

Chaudière.

La chaudière des machines locomotives actuelles est, comme je l'ai dit plus haut, un cylindre en tôle ou en cuivre, traversé dans sa moitié inférieure par un grand nombre de petits tuyaux en cuivre, et fermé de deux pièces circulaires à ses extrémités. Ce cylindre, qui forme le corps de la chaudière, a généralement 30 pouces de diamètre et 6 à 7 pieds de long. Il dure beaucoup plus de temps quand il peut être fait en cuivre. Cependant les chaudières anglaises sont encore en tôle. Les petits tuyaux se confectionnaient d'abord en cuivre rouge ; mais des expériences récentes faites au chemin de Liverpool ont prouvé que le cuivre jaune, qui est, comme on sait, un alliage de zinc et de cuivre, résistait beaucoup mieux à l'action de la flamme du coke employé comme combustible.

Le nombre et la dimension de ces petits tuyaux a beaucoup varié. En France, on s'est borné à établir dans chaque chaudière 80 tuyaux de 18 lignes (40 millimètres) de diamètre, ce qui donne une surface de chauffe totale de 21 mètres carrés. En Angleterre on a été jusqu'à 140 tuyaux par chaudière, en réduisant leur diamètre à un pouce environ (28 millimètres). On avait ainsi une surface de chauffe de 26 mètres carrés. Cette diminution du diamètre des tuyaux n'est pas sans inconvénient, parce qu'ils se remplissent assez promptement de suie qu'y dépose la flamme trop gênée dans sa circulation ; alors l'avantage de leur grand nombre se trouve fortement diminué. Aussi commence-t-on, en Angleterre, à limiter le nombre et la dimension des tuyaux ; aujourd'hui, les machines ordinaires ont 100 à 110 tuyaux de 15 à 16 lignes (36 millimètres) de diamètre : ce qui représente une surface de chauffe de 26 mètres carrés.

Une chaudière ainsi construite peut produire au moins 600 à 700 kilogrammes de vapeur à l'heure, avec une bonne combustion dans le foyer.

Chaque tuyau de cuivre se fixe au moyen d'une espèce de bague en acier, évasée d'un côté seulement, et qui entre de force dans l'ouverture pratiquée dans les deux fonds circulaires de la chaudière. Quelquefois on s'est contenté de river les deux extrémités de ces tuyaux sur les fonds circulaires. La bague en acier a pour effet de doubler la force de la plaque sur

ce point, et de rendre l'assemblage plus solide.
On conçoit que cet assemblage est en effet
d'une haute importance, pour que la chaudière puisse tenir l'eau et la vapeur sans perte,
malgré la haute pression à laquelle on agit.

Les tuyaux se nettoient, soit avec une brosse
emmanchée sur une tige de fer, soit avec une
espèce de ringard recourbé. Cette opération
doit se faire, chaque fois que l'on arrête la
machine.

Le foyer est disposé à l'arrière de la chaudière, et forme une espèce de coffre carré en
tôle, indépendant de la chaudière à laquelle
il est réuni seulement par des boulons. En des-
serrant ces boulons, le coffre se trouve libre,
et peut se réparer facilement.

Ce mode d'assemblage est très-utile dans la
pratique ; car le foyer est la partie de la machine qui se détériore le plus rapidement par
l'action énergique de la flamme, et s'il ne
pouvait pas se remplacer facilement par un
autre, la machine serait exposée à rester très-
long-temps et très-fréquemment en réparation.
Pour préserver de la flamme les compartimens latéraux qui composent le coffre du
foyer, on a soin de les doubler, et dans l'intervalle on fait circuler de l'eau qui s'échauffe et
passe de là dans la chaudière. La chaudière ne
reço ainsi que de l'eau déjà échauffée, ce qui

lui permet de produire une quantité de vapeur bien plus considérable que si elle était alimentée uniquement avec de l'eau froide.

Les barreaux des foyers sont quelquefois creux, et reçoivent un courant d'eau destiné à les empêcher de brûler ; mais ces barreaux creux coûtent assez cher : aussi généralement on préfère employer des barreaux pleins, et on les remplace à mesure qu'ils s'usent.

Cette réparation des barreaux est assez coûteuse. Les ingénieurs du chemin de Manchester comptent qu'il faut changer les barreaux d'une machine trois fois par an. D'autres donnent pour règle qu'il faut changer tous les barreaux du foyer après que la machine a parcouru 10,000 kilomètres.

Les foyers à coke ont généralement $0^m.28$ de profondeur, sur $0^m.81$ de large. Ceux à charbon sont un peu plus petits.

Le foyer est arrêté contre le fond de la chaudière. On a essayé, en France, de le prolonger au-dessous de la chaudière, de manière à augmenter sa capacité ; mais ce mode d'assemblage a un défaut très-grave : la flamme qui s'élève du foyer se trouve frapper directement contre le joint du cylindre qui forme la chaudière et du fond circulaire, et si la chaudière et ce fond sont en tôle, la partie frappée par la flamme brûle très-rapidement. Il est vrai qu'on peut mettre sur ce point une doublure en cuivre, ce métal résistant mieux au feu que la tôle.

On a construit des foyers en cuivre et en tôle. Ceux en cuivre coûtent beaucoup plus cher, mais ils durent plus long-temps ; et pour eux, comme pour la chaudière, on tire toujours un parti bien plus avantageux du vieux cuivre que de la tôle à demi rongée, telle qu'elle se trouve après deux ans de service sous l'action d'un feu extrêmement violent.

L'eau nécessaire à l'alimentation de la chaudière est portée, comme je l'ai déjà dit, dans une caisse en tôle placée sur un petit chariot joint à la machine. De là elle sort par un tuyau de cuir dont l'ouverture est réglée au moyen d'un robinet. Ce tuyau communique à une petite pompe alimentaire mise en action par la machine, et servant à introduire l'eau dans le coffre du foyer et dans la chaudière ; mais comme chaque quantité pondérable de vapeur qui entre dans le cylindre doit être remplacée dans la chaudière par un poids d'eau correspondant, la caisse se vide après un certain nombre de coups de piston. Pour la remplir de nouveau, on établit, de distance en distance le long de la ligne, des réservoirs en bois ou en tôle, placés à une hauteur d'une dizaine de pieds, et, à l'aide d'une pompe, un homme a soin de les tenir pleins d'eau. Quand la machine arrive auprès de ces réservoirs, elle s'arrête, et au moyen d'un robinet de fond joint au réservoir, et d'un tuyau mobile de communication, l'eau coule dans la caisse du chariot-fourgon qui suit la machine.

Cette eau est généralement froide au sortir du réservoir. Elle s'échauffe, comme nous l'avons dit, en arrivant, soit dans les compartimens du foyer, soit dans des espèces de supports creux en fonte disposés au fond du foyer, et qui soutiennent la chaudière. C'est du moins ainsi que l'on opère en France. Au chemin de Liverpool, comme on désirait réduire extrêmement le poids des machines pour les rendre propres à de grandes vitesses, on chauffe l'eau dans les réservoirs même, où elle est pompée, et, de cette manière, elle a généralement une température de 40 à 50 degrés quand elle sort du réservoir fixe pour passer dans le réservoir de la machine. Ce chauffage s'opère par la vapeur, l'excédant de la vapeur non condensée servant à mouvoir une machine qui pompe l'eau. A Darlington, l'eau est pompée par un moulin à vent qui s'oriente lui-même, et n'exige qu'une simple surveillance de la part d'un gardien, préposé en même temps au pesage des chariots qui s'arrêtent sur ce point.

Toutes les chaudières des machines locomotives doivent être pourvues d'un petit tube d'un centimètre de diamètre situé à l'extrémité, et servant à indiquer le niveau de l'eau dans la chaudière; ce tube doit être observé avec un grand soin par les machinistes; car si le niveau d'eau baisse trop par suite d'un engorgement dans le jeu de la pompe alimentaire, ou parce que le robinet du réservoir n'est pas assez ouvert, la flamme frappera sur des parties de la chaudière privées d'eau, et les brûlera de suite.

On place sur la chaudière deux soupapes de sûreté à bras de levier, qu'on charge d'un poids correspondant à une pression de trois atmosphères environ ou de 3 kilogrammes par centimètre carré sur l'ouverture de la soupape. Il se présente à ce sujet un phénomène assez singulier. Quand la machine est en marche, alors même qu'elle est portée sur des ressorts, chaque secousse fait balotter le levier et soulève la soupape de sûreté, de sorte que la pression est intermittente, et que la vapeur s'échappe rapidement. Cet inconvénient est si sensible, qu'aux chemins de fer situés aux environs de Newcastle, on avait l'habitude de fixer pendant la marche le bras de levier de la soupape, au moyen d'une pièce mobile en fer qu'on détournait lorsque la machine s'arrêtait, de manière à rendre la soupape libre; car c'est dans ce cas surtout qu'on doit craindre des accumulations de vapeur, et les accidens qui en sont la suite. En marche, la vapeur est dépensée à mesure qu'elle est produite et il y a peu de danger, si la chaudière a toujours une quantité d'eau suffisante. Mais il résultait de cette invention, que la machine en marche était tout-à-fait privée de soupape de sûreté ; et cette habitude hasardeuse ne pouvait être conservée au chemin de Liverpool, destiné à un si grand transport de voyageurs. Aussi, sur ce chemin, on a remplacé le poids des soupapes de sûreté par un ressort placé à l'extrémité du bras de levier, et exerçant une pression équivalente : alors la soupape ne se soulève pas par les secousses des mouvemens de la machine. Cependant on peut craindre avec quelque raison qu'un ressort ne soit sujet à se raidir plus ou moins, et l'on n'a pas ainsi une mesure bien exacte de la pression exercée dans la chaudière. En France on a imaginé un moyen qui présente plus de sécurité. Il consiste à interposer entre le bras de levier, et la petite plaque qui porte sur l'entrée de la soupape, un double ressort qui amortit tout l'effet des oscillations du poids placé à l'extrémité du levier. De cette manière, la soupape est toujours libre de ses mouvemens quand la machine est en marche, aussi bien que lorsqu'elle est au repos.

Ventilation.

J'ai dit que la cheminée des machines employées à Darlington et sur les chemins de fer
des environs de Newcastle, n'avait au plus que
10 pieds de haut. Elle ne procurait qu'un tirage bien insuffisant pour un foyer aussi petit
que celui de ces machines, puisque la vitesse
ascensionnelle, correspondante à une semblable hauteur, ne va guères à plus de 4^m. par $1''$;
ainsi la quantité d'air, fournie pour une section
de foyer de deux pieds carrés environ, devait aller au plus à un mètre cube par seconde. Cependant le moindre ralentissement dans la combustion diminue presque instantanément d'un
tiers ou de moitié la force des machines locomotives; car la partie supérieure de la chaudière
qui reste vide ne peut contenir qu'une quantité
de vapeur assez limitée, dont une partie est absorbée à chaque coup de piston des cylindres.
Si donc cette quantité de vapeur n'est pas in-
cessamment renouvelée à l'aide d'une combustion très-active, la machine se trouve arrêtée
au bout de quelques minutes.

Elever ces cheminées davantage présentait
de grandes difficultés, ainsi que nous l'avons
déjà dit. Car cette surélévation, pour être
utile, devait aller à une dizaine de pieds de
plus, et, pour cela, il eût fallu s'astreindre à

relever de beaucoup tous les ponts et passages souterrains placés sur la ligne des chemins de fer, travail souvent impraticable, ou bien il aurait fallu faire tourner les cheminées autour d'une charnière, comme dans les bateaux à vapeur. D'un autre côté, une cheminée semblable aurait acquis facilement dans sa marche un mouvement d'oscillation qui eût ébranlé toutes les parties da la machine; et c'est ce qui se voit même auprès de Leeds, sur un chemin de fer assez court, qui est desservi par une machine à vapeur armée d'un tuyau de plus de 20 pieds de haut.

Pour remédier à cette imperfection du tirage, M. G. Stephenson a imaginé de jeter dans la cheminée la vapeur qui sort du cylindre, après y avoir exercé son effet, et de profiter de sa vitesse pour exciter dans la cheminée un courant rapide qui pût activer la combustion. Cette invention réussit parfaitement; seulement, pour que le jet de vapeur produise tout son effet, il faut que le coffre inférieur de la cheminée où il est lancé soit imperméable à l'air extérieur, de manière que le jet fasse le vide exactement derrière lui; de plus, il est avantageux de lancer le jet aussi directement que possible dans le sens de l'axe du tuyau de la cheminée. Cette deuxième remarque fit placer les cylindres immédiatement sous la cheminée, de manière que le jet fût tout-à-fait direct, sans être retardé par aucun frottement dans les tuyaux de sortie, frottement qui a lieu plus ou moins sensiblement quand les cylindres sont placés latéralement à la chaudière. Ensuite on eut soin d'augmenter le diamètre des tuyaux de sortie, et de les réunir dans la cheminée en un seul tuyau dirigé verticalement et terminé en haut par un orifice en forme de cône tronqué, comme un tuyau d'anche. Il paraît que cet étranglement du tuyau de sortie augmente sensiblement le résultat produit, le jet de vapeur se trouvant dans la même situation que l'air qui sort d'un soufflet d'appartement. Les tuyaux de sortie ont généralement un décimètre, ou 4 pouces anglais de diamètre, ainsi que ceux d'admission.

Lorsque la machine fonctionne, la vapeur sortant des cylindres rencontre, dans la cheminée, un courant d'air chaud sortant du foyer et déjà animé d'une vitesse ascensionnelle. Elle le pousse devant elle par sa vitesse supérieure, et produisant le vide derrière, elle excite un courant violent d'air qui se précipite dans le foyer. Ce courant d'air anime la combustion, et une plus grande quantité de vapeur se produit dans la chaudière. L'introduction de cette nouvelle vapeur dans les cylindres accélère la machine, et sa sortie accélère le courant qui alimente la combustion ; d'où l'on voit qu'une machine en mouvement, alimentée constamment de combustible et d'eau, tend continuellement à s'accélérer, si elle se meut toujours sur une ligne droite d'une pente uniforme, de manière que sa vitesse acquise ne soit pas épuisée par le frottement des courbes, ou par la portion du poids qui se trouve décomposée si la pente augmente. D'un autre côté, l'on voit que si la machine se meut lentement, les jets de vapeur dans la cheminée seront intermittens, et ne pourront conséquemment y exciter un courant continu. L'introduction d'air dans le foyer ne sera donc pas rapide, la production de vapeur sera faible, et la machine s'arrêtera dès qu'elle aura dépensé la quantité de vapeur accumulée dans la chaudière au moment du départ. De là résulte, 1°. qu'il faut calculer le poids que doit traîner la machine de manière qu'elle puisse marcher avec une vitesse suffisante, 2°. qu'il est avantageux d'avoir des cylindres larges et courts ; car alors les jets de vapeur dans la cheminée sont plus fréquens, puisqu'ils correspondent à chaque pulsation du piston.

Pour mettre la machine en action, on commence par chauffer la chaudière avec du charbon mêlé de bois, de manière à exciter un feu vif

16.

qui amène la température de l'eau au-dessus de 100°, et produise assez de vapeur pour que la machine puisse traîner son propre poids. Dès que le machiniste est arrivé à ce point, il fait partir la machine et la promène seule. La vapeur entre dans les cylindres, en sort, et excite peu à peu un courant d'air rapide dans la cheminée. On jette du coke dans le foyer; il s'allume, et la température s'élève dans la chaudière. La vapeur est produite en plus grande quantité et à une plus haute pression; elle produit donc un effet plus énergique, et la machine s'accélère. Peu à peu l'eau parvient à 150 ou 160°, et la chaudière se trouve remplie d'une quantité suffisante de vapeur à la pression demandée. Alors la soupape se soulève, et la machine vient chercher son convoi. On remplit d'eau son réservoir, s'il en a perdu une certaine quantité dans cet essai préparatoire, et la machine est prête à partir. Il faut ordinairement chauffer la chaudière pendant une heure ou une heure et demi, pour que la température s'élève suffisamment et que la vapeur arrive à 4 atmosphères.

On a employé, sur le chemin de Saint-Étienne à Lyon, une autre méthode de ventilation qu'il peut être utile de décrire, quoiqu'elle soit généralement remplacée aujourd'hui par l'injection de la vapeur dans la cheminée. Ce moyen consistait à placer, sur le fourgon attaché à la suite de la machine, un ventilateur mis en action par des courroies passant sur une grande poulie fixée à une roue du fourgon. Ce ventilateur eût pu être un cylindre soufflant, mais on avait trouvé plus simple d'adopter des ailes semblables à celles du moulin à vanner le blé. Sur chaque côté du fourgon on avait établi une caisse oblongue en planches, dans laquelle tournait une roue à quatre palettes qui aspirait l'air par le centre de la caisse, et le refoulait dans un conduit de cuir qui partait du ventilateur et aboutissait au-dessous du foyer. Cette disposition présentait l'inconvénient d'exiger une certaine quantité de force motrice. De plus, les conduits en cuir et les courroies exigeaient un entretien assez coûteux.

Frais de traction avec les machines locomotives.

On conçoit que les frais de traction avec les machines locomotives varient sensiblement, suivant la vitesse qu'on juge convenable de donner aux transports. Si l'on veut s'astreindre à des vitesses considérables, ainsi qu'au chemin de Manchester à Liverpool, il en sera de chaque machine employée comme d'un cheval

de course : elle ne pourra mener qu'un poids assez faible proportionnellement à sa force absolue, et elle se fatiguera promptement ; les
joints de ses diverses parties se lâcheront, et
la rapidité de la combustion détruira les
parois du foyer et les tuyaux de la chaudière.
De là il suit que, pour assurer un service régulier avec cette grande vitesse, il faudra un
nombre considérable de machines. Nous lais-
serons de côté pour le moment le cas de ces
grandes vitesses, qui ne sont applicables
utilement qu'au transport des voyageurs, et
nous supposerons que les machines doivent
uniquement conduire des chariots chargés de
marchandises, avec une vitesse de 10 à 11,000
mètres à l'heure, vitesse conforme à celle
qu'elles ont sur le chemin de Darlington et
sur celui de Saint-Étienne à Lyon, et au moins
suffisante pour le transport de toute espèce de
marchandises pesantes.

Le poids des machines, telles qu'on les construit actuellement, varie de 5 à 7,000 kilog.
Il faut ajouter à ce poids 3,000 kilog. environ
pour le fourgon qui la suit, chargé d'eau et
de charbon. Ainsi, on peut compter sur 9
tonneaux environ pour l'ensemble du fourgon et de la machine avec son eau dans
la chaudière. Avant de se mettre en mouvement, la machine doit vaincre le frottement

dû à son poids, ou $\frac{9}{200}$ tonn. $= 45$ kil. ; de plus si elle se meut sur une pente ascendante, une portion de ce poids viendra créer un résistance qui sera

Pour	1 mill. par mètre.	9 kil.
	2	18
	3	36
	5	45
	10	90
	15	135

Ainsi, sur une pente de 5 mill. par mètre, la résistance que la machine devra vaincre pour se mouvoir elle-même sera double de la résistance qui résulte de l'action de son propre poids sur les essieux. Cette résistance sera triple à 10 mill. par mètre, et quadruple à 15. Indépendamment de la moindre adhérence des jantes sur un rail incliné, une quantité notable de la force des machines locomotives se trouve donc employée à remonter leur propre poids au-delà d'une certaine limite de pente, de sorte qu'à mesure que la pente augmente, on ne peut utiliser qu'une portion d'autant moindre de leur force.

Machines sur un chemin de fer horizontal. — Sur une partie du chemin de fer de Saint-Étienne à Lyon, dont la pente est de $\frac{1}{2}$ milli-

mètre par mètre en montant, une machine,
pesant 9 tonnes avec son fourgon, entraîne 10
waggons chargés, soit 40 tonneaux à raison de
11,000 à l'heure, ou de trois mètres par seconde environ. Elle parcourt avec cette charge
18 kilomètres, ramène des chariots vides, et
fait en tout trois voyages complets, aller et
retour, dans sa journée.

Frott. de la ma-chine.	9.000 k. $\times$ o. oo5 . . .	45 k. oo
Frott. de 10 wag-gons = 40 ton-nes.	40.000 k. $\times$ o. oo5 . . .	200 oo
Poids décomposé de la machine.	9.000 k. $\times$ 0.ooo5 . . .	4 5o
Poids décomposé des waggons. .	40.000 k. $\times$ 0.ooo5 . . .	20 oo
	Total. . .	269 k. 5o

Ce poids, entraîné avec une vitesse de 3^m.
par $1''$, représente un effet de 808,5 kil. à 1^m.
par $1''$, ce qui correspond à la force de
11 chevaux environ. Cependant la machine produit à l'heure de 6 à 700 kil. de vapeur, quantité qui, dans les machines fixes,
représenterait au moins une force de 20 chevaux. Mais il faut observer que la ligne que
parcourent les machines n'est pas régulière

dans sa pente ; car, sur une longueur de 1,000 mètres environ, elle offre une pente ascendante de 2^{mm}. par mètre, ce qui augmente en ce point la résistance jusqu'à 343 kil. En outre il faut remarquer que les difficultés du terrain n'ont pas permis d'établir toujours le tracé suivant des lignes droites ou au moins des courbes très-étendues. Il existe sur cette ligne beaucoup de courbes, et plusieurs n'ont pas plus de 500 mètres de rayon. C'est là une cause de frottement extrêmement sensible, comme nous l'avons vu. Enfin, en général, dans une machine mobile, le rapport de l'effet produit à l'intensité de la force est moindre que dans les machines fixes, et, cette observation peut s'appliquer surtout aux machines de ce chemin qui sont loin d'être parfaites, comme construction.

Sur le chemin de Manchester à Liverpool, la pente peut être considérée comme sensiblement horizontale, à l'exception de la hauteur appelée le *Rain-Hill*, qui exige une machine de renfort. Sur le reste de la ligne, les plus fortes inclinaisons vont au plus jusqu'à $\frac{1}{800}$ ou 1^{mm},25 par mètre de pente. D'après le relevé des comptes de ce chemin, dont on donnera un extrait à la fin de cet ouvrage, les machines conduisent ordinairement 45 tonnes

de marchandises, ce qui correspond à 70 tonnes environ, parce que les chariots pesent plus
et sont moins chargés qu'au chemin de Lyon.
Elles font en deux heures le trajet de Liverpool
à Manchester, distance 48 kil. Leur vitesse
est donc de 7 mètres par 1''.

La résistance entraînée à 7 mètres par seconde se compose ainsi :

Frottement de la machine, 9 × 0.005. . 45k.00
   Id.   de 70 tonnes à 0.004 par tonnes, au lieu de 0.005 comme précédemment, à cause des petits essieux employés
sur ce chemin. (*Voir* page 51.) 280 00
Pente ½ mill. moyennement. . . Machine. 4 50
Poids décomposé. . . . . Waggons. 35 00

                                Total. . . 364k.50

L'effet de ces machines est donc bien supérieur
à celui des machines de Lyon, et cet avantage
tient en partie à la meilleure construction des
machines anglaises, qui sont extrêmement soi-
gnées. De plus, le chemin de Liverpool présente de nombreuses lignes droites et de
grands développemens dans ses courbes, circonstances qui réduisent considérablement les
difficultés opposées dans la marche par le
frottement latéral, et qui permettent aux
machines de profiter largement de l'effet de
la vitesse acquise. Suivant les Revues anglaises,

les machines de Liverpool ont traîné souvent des charges beaucoup plus considérables que celles que nous venons d'indiquer. Ainsi la Revue d'Edimbourg (octobre 1832) rapporte qu'une machine a conduit 100 tonneaux en 1^h. et $\frac{1}{2}$ de Liverpool à Manchester, et depuis, l'on cite de nouvelles machines qui auraient conduit jusqu'à 140 tonnes. Mais pour évaluer l'effet utile de ces machines, il est plus exact de prendre leur travail moyen que le cas d'une exertion extraordinaire de force qui a pu être suivie de plusieurs jours de réparation.

Au chemin de fer de Saint-Étienne à Lyon, et sur la portion de ligne que nous avons prise pour exemple , l'entretien journalier d'une machine locomotive est composé comme il suit :

Intérêt de 12.000 fr. prix de la machine à
   5 %, 600 f. par an, soit par jour. . . . . 1 f. 70 c.
400 kil. de coke par voyage, le coke à 75 c.
   les 100 kil. pour 3 voyages par jour. . . 9 00
Machiniste et chauffeur. 6 60
Eau d'alimentation dans les châteaux-d'eau;
   prix du pompage à 30 cent. par machine
   et par château-d'eau; il faut compter
   deux reprises d'eau sur la distance et
   pour trois voyages. 3 60
Huile, graisse. 2 00
Menues réparations journalières, hors de
   l'atelier de réparation. 3 00

Grosses réparations annuelles.

Savoir : Chaudières , tuyaux ,
      pompe alimentaire . . 800
    Essieux, ressorts, boî-
      tes. 300
    Coffre du foyer, bar-
      reaux. 600
    Roues et bandages en
      fer. 500
    Usure des pistons, piè-
      ces de mouvement. . 400
                 2600 soit 7 22

Il faut compter au moins que de deux
machines une sera en réparation. Ainsi
pour la machine en activité, il faut doubler l'intérêt du capital de construction ;
ce qui fera. 1 70
Entretien des ateliers et outils de réparation, appointemens de l'ingénieur mécanicien qui surveille les réparations. . 2 18

             Total. . . 37 f 00 c.

Une machine qui coûte ce prix, transporte
par jour 90 tonnes à 18 kil., ce qui fait environ 0 f.022 c. par kilomètre et par tonne.

Au chemin de Liverpool à Manchester,
il résulte du dernier rapport (*Voir* à la fin
de l'ouvrage) que chaque voyage de machines, avec 45 tonnes en moyenne, coûte 60 fr.,
qui sont détaillés comme il suit :

Achat et transport du coke. . . . . 12 f. 70
Chargeurs de coke et fourniture d'eau. . .   1   54
Graisse, huile, chanvre pour les pistons. .   3   70
Tuyaux en cuivre, en laiton, fers et chau-
  dronnerie. 15   00
Ouvriers employés aux réparations à l'ate-
  lier.   18   72
Machinistes et chauffeurs.   4   95
Réparations hors des ateliers.   4   29

                          Total. . . 60 f. 00 c.

Pour avoir les mêmes données que dans le
compte précédent, il faut ajouter à ce chiffre
l'intérêt de toutes les machines employées au
service de ce chemin. Elles sont au nombre
de 34, et représentent un capital de 580,000 fr.,
L'intérêt à 5 de cette somme forme 29,000 fr.,
et doit être réparti sur 5,500 voyages, nombre
de voyages d'un semestre (*voir* à la fin de
l'ouvrage), ce qui donne par voyage 5 fr. 27 c.
Ainsi, il en coûte à la compagnie 65 fr. 27 c. pour
transporter avec une machine 45 tonnes de Liverpool à Manchester, sur une distance de 48
kil.; ce qui revient à une dépense de 0 fr., 030 par
kilomètre pour une tonne transportée. Il faut
observer toutefois que dans ce chiffre se trouve
compris l'excédant de dépense nécessaire pour
monter le *Rainhill*, qui exige, comme nous
l'avons dit, une machine de renfort ; de sorte
que le chiffre par kilomètre et par tonne doit
être réduit au moins à 2 c. 75 en plaine. Ajoutons

que ces machines vont avec une très-grande rapidité et que les prix de main-d'œuvre et de fabrication sont généralement plus élevés en Angleterre qu'en France.

En moyenne, on pourra compter que sur un chemin de fer sensiblement horizontal, dans des localités où le combustible sera à bas prix, et dans l'hypothèse où le transport principal de marchandises est dirigé dans un seul sens, le prix des transports par les machines locomotives reviendra en France à 2,2 c. par kilomètre et par tonne. Dans les mêmes circonstances, et le retour se faisant toujours à vide, le prix par les chevaux revient à près de 5 centimes par kilomètre et par tonne. Ainsi, il y a économie de moitié en faveur des machines locomotives.

Dans ces calculs, nous ne faisons pas entrer comme élément la réduction dans le nombre des waggons nécessaires au service produite par la vitesse des machines, et d'un autre côté, nous négligeons la plus grande usure des waggons par cette rapidité de transport. Ces deux quantités étant assez difficiles à évaluer exactement, nous les regarderons comme se faisant sensiblement compensation l'une et l'autre.

Si les retours se faisaient à charge comme les allées, le prix du transport par kilomètre et par tonne diminuerait nécessairement ; mais il ne se réduirait pas tout à fait à moitié du prix indiqué plus haut, parce qu'alors les machines seraient plus fatiguées. Il en serait de même du service des chevaux, ils seraient obligés de faire un plus grand effort au retour, et conséquemment le prix du transport, en les employant, ne se réduirait pas à moitié de 5 centimes. Mais, en définitive, l'avantage serait encore plus sensible en faveur des machines, car leur service ne coûterait guères plus de $1^c,75$ par kil. et par tonne.

Machines locomotives sur une pente de 6 *millimètres par mètre.* — Je choisirai cette pente de 6 millimètres, parce que c'est à ce taux que l'on peut compter sur la descente régulière des waggons par l'action seule de la pesanteur, tandis que sur des pentes plus faibles, les courbes les retardent trop facilement. Lorsque les waggons descendent ainsi en vertu de leur poids, l'emploi des moteurs se trouve limité à la remonte.

Pour avoir des données semblables dans nos calculs, je supposerai toujours que le frottement des waggons est égal à $\frac{1}{200}$ du poids, et non à $\frac{1}{240}$ comme on l'évalue avec les petits essieux. En effet la valeur $\frac{1}{200}$ se rapproche plus de la résistance moyenne éprouvée réellement par le waggon, avec toutes les circonstances accidentelles qui peuvent entraver sa

marche dans les courbes ou qui rendent la surface des rails moins propre au mouvement.

Au chemin de fer de Saint-Étienne à Lyon,
il existe une longueur de 14 kilomètres sur
cette inclinaison de 6 mill. par mètre, et elle est
parcourue par des machines et des chevaux
employés concurremment à la remonte de
waggons.

Chaque machine remonte 20 waggons vides,
et fait trois voyages. — Total , 60 par jour.
Cet effort est conforme à l'évaluation que nous
avons donnée pour la force de ces machines;
car nous avons :

Frott. de la machine. . . .   9 t. $\times$ 0.005 . . :   45 k.
Frott. de 20 waggons à
  1000 k. l'un. . . . .   20 t. $\times$ 0.005 . . .   100
Pente. . , . . . Machines.   9 t. $\times$ 0.006 . . .   54
        Waggons.   20 t. $\times$ 0.006 . . .   120
                                              ————
                          Total. . . 316 k.

Cet effort est un peu moins grand que celui
dont la machine était capable sur la pente horizontale, et qui était représenté par une résistance de 343 kilogrammes , entraînée avec une
vitesse de 3^m. par seconde. Mais les courbes
nombreuses que présente cette deuxième portion de la ligne su'firont pour expliquer la
différence apparente des deux résultats.

Nous avons donc par jour 60 waggons remontés par chaque machine à 14 kilomètres, mais nous porterons la dépense des machines à 40 fr. au lieu de 37 fr., parce que les machines se dérangent beaucoup plus en agissant sur une pente qu'en terrain plat ; ce qui tient à ce que, sur une pente, leur force doit être employée d'une manière continue ; tandis qu'en terrain plat, elles profitent beaucoup de l'effet de la vitesse acquise.

60 waggons, multipliés par 14 kilomètres, font 840 à un kilomètre. En divisant 40 fr. par ce nombre, le prix d'un waggon remonté à 1 kil. revient à 0^f.047.

Sur cette pente un cheval remonte 5 waggons dans sa journée. Il faudrait donc 12 chevaux pour les 60 waggons. Chaque cheval coûtant 5 fr., le prix du waggon remonté à un kilomètre revient à 0^f.07. Ainsi, les machines ont encore un avantage sensible sur les chevaux.

Remarquons toutefois que, pour que la machine puisse faire ainsi trois voyages en remonte sans perdre de temps, il faut qu'elle ait beaucoup de facilité pour se dégager aux points de chargement où elle doit laisser un convoi et en reprendre un autre. S'il arrive quelque accident qui entrave le retour de la machine, elle ne peut plus faire trois voyages. Les chevaux ont l'avantage de conduire mieux les waggons au point voulu pour les chargemens, et ils se dégagent aisément des embarras de ces portions de lignes qui présentent gé néralement beaucoup d'encombrement.

Si l'on suppose des chargemens en remonte, chaque machine ne pourra remonter que 6 waggons chargés au plus par voyage, ou 18 dans sa journée. Ainsi, si la remonte était moitié de la descente, il faudrait un nombre considérable de machines, semblables à celles du chemin de Lyon ; mais ces machines sont certainement au-dessous de celles de Liverpool.

Machines sur des pentes de 10 *millimètres par mètre.* — A ce taux de pente, la partie du poids de la machine, décomposée suivant la pente, devient très-sensible.

En prenant 340 kil. pour la résistance qu'une machine peut vaincre, avec sa vitesse ordinaire, on aura sur une pente de 10 millimètres :

Frott. de la machine. . . . 9 t. $\times$ 0.005 . . . 45 k.
Poids de la machine. . . . . 9 t. $\times$ 0.010 . . . 90

$$\text{Total. . . . 135 k.}$$
A déduire de 340

$$\text{Reste. . . 205 k.}$$

Sur cette pente, la résistance d'un waggon vide est égal à

Frott. du waggon. . . . 1000 k. $\times$ 0.005 . . . 5 k.
Poids décomposé. . . . . 1000 k. $\times$ 0.010 . . . 10

$$\text{Total. . . . 15 k.}$$

$\frac{205}{15} = $ 13 waggons environ. C'est donc la charge que pourrait avoir la machine. Or sa dépense doit être évaluée à 45 fr. au moins par jour, à cause de l'excédant de pente, et de plus, comme il est impossible de la laisser s'accélérer à la descente dans la crainte des accidens, on doit réduire son travail à

30 kilomètres en montée.
30 kilomètres en descente.
———
60

Elle montera donc par jour 13 waggons à 30 kil. pour 45 fr., ce qui fait 11c.60 pour un waggon remonté à un kilomètre.

Sur cette même pente, un cheval exerçant un effort de 60 kil. pourra mener 4 waggons. Mais 4 waggons seraient dans ce cas une charge trop forte pour un travail continu, et pour nous rapprocher de la réalité, il faudra compter sept waggons pour deux chevaux, par ce que ceux-ci, comme la machine, sont fatigués par l'excédant de pente. Il faudra deux relais pour faire les 30 kilomètres, et pour mener 14 waggons vides, il faudra 8 chevaux à 5 fr. l'un; ce qui fera 40 fr., et donnera 9cent. 5. pour le prix d'un waggon remonté à un kilomètre.

Ainsi il y aura par kilomètre et par waggon vide ou par tonne de remonte, 2c.10 par faveur de l'emploi des chevaux; mais aussi on doit admettre que les nouvelles machines pourront exercer un effet plus puissant.

Au-dessus de 10 mill. par mètre commence la possibilité d'appliquer avec avantage les machines stationnaires ; mais cet avantage n'est bien réel que vers 15 millimètres par mètre. On peut même regarder cette pente comme une limite obligée ; car, au-dessous, si la ligne n'est pas presque droite, il suffira d'une pluie qui aura sali les rails, ou d'un peu de neige pour que les chariots descendans ne puissent entraîner le câble déroulé par la machine derrière eux ; ou bien il faudra que les convois soient très-considérables, ce qui entravera le service. Sur certains plans peu inclinés, dans les temps froids, quand l'huile ou la graisse se gèle dans les boîtes, il faut atteler un cheval en avant pour aider la descente du câble que les waggons ne peuvent plus entraîner. (Wood, page 212.)

Observons qu'il faut toujours admettre que le tonnage sera assez considérable pour couvrir l'achat et l'établissement coûteux des machines stationnaires.

Pour apprécier rapidement leur avantage sur les machines locomotives pour les pentes un peu fortes, telles que 0^m.015, rappelons-nous que la résistance due au frottement du câble est environ $\frac{1}{7}$ de son poids, et supposons le convoi de 16 waggons ou de 16 tonnes vides tout compris.

— La résistance du convoi de waggons sera :

Frottement. . . . .   16 t. × 0 005 =   80 k.
Pente. . . . .   16 t. × 0.015 = 240
                                      _____
                        Total. . . 320 k.

Supposons que la longueur du relai desservi par la machine fixe soit de 3,000 mètres, et que le convoi soit entraîné avec une vitesse de 3 mètres par 1″, comme nous avons calculé précédemment : il faudra un câble pesant un kil. par mètre, ou en tout 3,000 kil.

Résistance due au frottement du câble. . . .   250
Plus pour son poids decomposé suivant la
    pente.   45
                                      _____
                        Total. . . 295

Ce nombre de 295 kil. représentera la portion de résistance provenant du transport du moteur.

Si l'on emploie des machines locomotives, avec leur force de 340 kilog. élevée à 3ᵐ. par 1″, il en faudra deux pour remonter ce convoi.

Car une machine perdra :

Frottement.   45
Poids, 9 t. × 0.015.   135
                                      _____
                        Total. . . 180
                        A déduire de 340
                                      _____
                        Reste. . . 160

Et comme un chariot ou une tonne représentera ici une résistance de 20 kil., chaque machine n'en pourra monter que 8, et fera 20 voyages. Donc, pour les 16, il faudra deux machines qui donneraient 360 kilogrammes pour la résistance due au transport du moteur, et ce nombre est supérieur à celui que donne la résistance du câble.

Supposons qu'on doive remonter par jour 300 waggons vides ; d'après le compte présenté page 134, les frais de la machine fixe monteront à 70 fr. environ par jour : ainsi le prix de la remonte des chariots sera environ 7 centimes par kilomètre. Avec les machines locomotives, chacune ne pouvant faire que 10 voyages complets dans sa journée de 60 kilomètres, remonterait 80 waggons. Ainsi, pour les 300, il faudrait 4 machines qui, à 40 fr. l'une, coûteraient 160 fr. par jour ; le prix du waggon remonté irait donc à 53 cent. pour la distance entière, ou à 17 c. par kilomètre.

Les chevaux pourraient remonter 3 chariots chacun, en faisant 5 voyages par jour au plus. Chaque cheval mènerait donc 15 chariots pour 5 fr., ce qui fait encore 33 c. par chariot pour la distance entière, ou 11 c. par kilomètre et par waggon. Mais ici les chevaux iraient trop lentement, et on serait peut-être obligé de les réduire à deux chariots $\frac{1}{2}$ par cheval.

Ainsi, en résumé, en supposant un tonnage suffisant pour payer les frais de construction des moteurs mécaniques, les divers moteurs peuvent être ainsi classés, suivant les diverses pentes.

Les machines locomo-
tives devront être
employées depuis...zéro pente, jusqu'à 8 ou 10 mill.
Les chevaux depuis. . 8 à 10 mill. jusqu'à 12 ou 15
Les machines fixes, de 12 ou 15 mill. aux pentes supé-
rieures.

Mais cette conclusion générale demande quelques observations importantes.

Nous avons vu plus haut l'encombrement et l'incertitude qu'apporte dans le service l'établissement de plusieurs relais successifs de machines stationnaires. Delà on doit conclure qu'il faut regarder l'emploi de ce moteur comme une nécessité pour un cas particulier, et qu'il faut éviter autant que possible les plans inclinés, où il devient indispensable. Observons de plus que les machines locomotives sont encore dans l'enfance, puisque l'attention des constructions habiles ne s'est fixée sur elles qu'en 1830. On est bien parvenu à produire 6 à 700 kilogrammes de vapeur par heure, et même plus : mais une grande partie de cette quantité de vapeur n'agit qu'imparfaitement, puisque, dans les machines ordinaires, une production

18

semblable correspond à une force de vingt à vingt-cinq chevaux. Déjà, on est arrivé à des exertions singulières de force sur le chemin de Manchester, mais les effets remarquables qu'on a ainsi produits entraînent de grands frais de réparation. Toutefois l'avenir est devant nous, et sans aucun doute, l'émulation vivement excitée des constructeurs perfectionnera avant peu les machines locomotives, et parviendra à les rendre capables d'exercer leur action avec utilité, même sur des pentes de 10 et de 15 millimètres par mètre (1).

(1) Des machines mieux construites, essayées dernièrement sur la partie du chemin de Saint-Étienne à Lyon, qui présente 14 millimètres par mètre de pente, y ont remonté 15 chariots vides, à raison de 3 mètres par seconde. On peut conclure de ces essais qu'elles pourront faire sur cette pente un service régulier de 12 waggons vides à chaque remonte. Avec 15 waggons, on a :

Résistance des 15 waggons. . $15 \text{ t.} \times \dfrac{19}{1000} = 285$

Résistance de la machine. . . $19 \text{ t.} \times \dfrac{19}{1000} = 171$

$$\overline{456}$$

Ce chiffre correspond à la résistance la plus considérable qu'aient pu entraîner jusqu'ici les meilleures machines de Liverpool. Mais elles entraînent cette résistance, en faisant sept mètres par seconde.

TROISIÈME SECTION

CONSIDÉRATIONS GÉNÉRALES SUR LES CHEMINS DE FER.

CHAPITRE Ier.

Des conditions générales du tracé des chemins de fer, du prix de leur établissement et de leur entretien.

D'après les considérations exposées dans les chapitres précédens, on voit que, pour qu'un chemin de fer puisse opérer les transports de marchandises avec toute l'économie possible, il faut :

1°. Qu'il soit tracé sur des lignes droites ou des courbes très-développées, dont le moindre rayon doit être de 500 mètres. Encore doit-on se garder d'établir à la suite l'une de l'autre plusieurs courbes de ce rayon. Il en résulterait une résistance sensible.

2°. Il faut qu'il soit établi sur les pentes les plus douces que pourra comporter le terrain ; car nous avons vu l'augmentation de résistance qui résulte de la moindre inclinaison dans la ligne parcourue. Si l'on peut ménager la pente générale dans le sens du plus grand transport, cette disposition sera d'un extrême avantage, en assimilant le chemin de fer à une rivière où les bateaux descendent sans moteur.

3°. Il faut que le service se fasse autant que possible par une seule espèce de moteur, sur toute l'étendue de la ligne : ou au moins il faut la diviser en relais de quatre à cinq lieues, desservies par un seul moteur; car à chaque changement de moteur, il y a stationnement de waggons; et de ce stationnement résultent un grand encombrement et une perte de temps très-importante avec un matériel limité comme celui des chemins de fer.

Pour confirmer par un seul exemple l'importance de ces trois conditions générales, supposons un chemin de fer établi sur le terrain d'une de nos routes royales, avec leur succession de pentes et de contre-pentes rapides. Sur un semblable chemin de fer il faudrait modifier, continuellement, soit la nature du moteur, soit la charge qu'il devrait traîner; de là il suit qu'il y aurait un embarras perpétuel dans le mouvement des transports, et ce chemin de fer serait même inférieur comme économie à la route royale, sur laquelle les transports s'exécuteraient d'une manière continue et sans encombrement.

Voici quelques détails sur le tracé des plus grands chemins de fer exécutés jusqu'ici.

Le chemin de Liverpool à Manchester est établi sur des courbes dont le rayon moyen varie de 1,000 à 2,000 mètres, et qui réunissent entre elles des lignes droites extrêmement étendues. A l'entrée de Manchester seulement il existe deux courbes assez raides, de 500 pieds anglais soit 150 mètres de rayon; mais elles se trouvent presque dans le point de chargement, et les convois n'y sont plus lancés avec cette grande vitesse, si surprenante et si célébrée dans les journaux anglais.

Voici le profil de ce chemin :

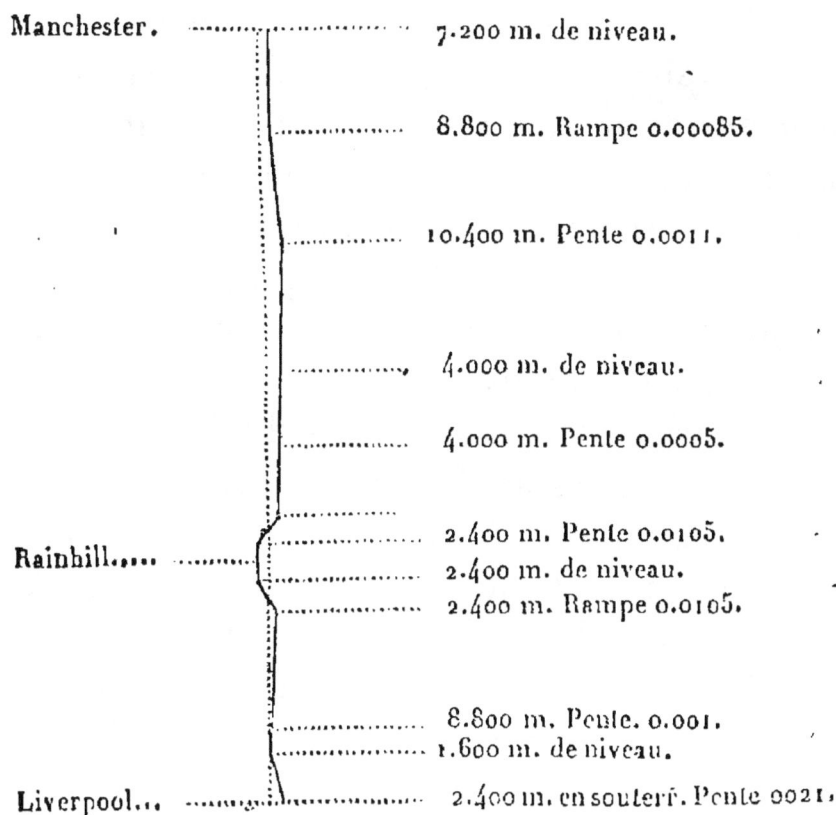

Manchester.   7.200 m. de niveau.

8.800 m. Rampe 0.00085.

10.400 m. Pente 0.0011.

4.000 m. de niveau.

4.000 m. Pente 0.0005.

2.400 m. Pente 0.0105.

Rainhill.....   2.400 m. de niveau.

2.400 m. Rampe 0.0105.

8.800 m. Pente. 0.001.

1.600 m. de niveau.

Liverpool...   2.400 m. en souterr. Pente 0021.

18.

Le souterrain de Liverpool est desservi par deux machines stationnaires placées au sommet. Sur tout le reste de la ligne, les machines locomotives sont le seul moteur, et aux plans intermédiaires du Rainhill, on a mieux aimé doubler leur force, au moyen d'une machine locomotive de relai, que d'établir deux machines fixes pour chacun de ces plans inclinés. Peut-être, ces deux machines fixes auraient opéré avec plus d'économie le passage d'un convoi isolé ; mais, pour établir ce système fixe intermédiaire, il eût fallu rompre le système entier de la ligne, et ne faire aller les machines locomotives que par relais. De là seraient résultés des retards, un encombrement de waggons au pied de chaque plan incliné, et d'autres inconvéniens graves, que l'habitude seule du service d'un chemin de fer peut bien faire connaître, et qui, évalués en temps perdu, représenteraient une somme d'argent considérable.

On aurait évité ces plans inclinés intermédiaires en établissant la ligne le long de la Mersey et remontant l'Irwell jusqu'à Manchester. Seulement cette ligne eût été un peu plus longue.

Au chemin de fer de Saint-Étienne à Lyon, le terrain présentait d'extrêmes difficultés pour l'établissement des courbes. Une partie devait nécessairement être établie dans un ravin tortueux que suit le torrent du Gier, et il existe quinze passages souterrains sur toute la longueur de la ligne. L'on a donc dû se borner, à cause de la dépense, à des courbes de 500 mètres de rayon. Les pentes et les moteurs sont ainsi distribués :

	Longueur.	Pente.	Rampe.	Moteur.
Lyon à Givors. .	19.000	0.0005		Machines locomotives.
Givors à Rive-de-Gier.	16.000		0.006	Machines locomotives et chevaux.
Rive-de-Gier à Saint-Étienne.	22.000		0.014	Chevaux.

Sur cette dernière ligne, qui présente une forte inclinaison, on pourrait établir des machines stationnaires ; mais, malgré les frais considérables que coûtent les chevaux, les inconvéniens du système des machines stationnaires se présentent ici dans toute leur force. De nombreux chemins, des routes royales, coupent cette ligne de 22,000 mètres, et ce ne serait pas sans de grands embarras et des frais énormes qu'on pourrait parvenir à assurer, dans un pays aussi peuplé, le service de sept machines stationnaires, espacées de 3,000 en 3,000 mètres, et halant les convois à une si grande distance. Une telle suite de machines ressemblerait parfaitement à une chaîne dont il suffirait de casser un anneau pour mettre toute la chaîne hors de service.

Cette longue pente, de 14 cent. par mètre,

cût pu être brisée par plateaux et par rapides.
On a préféré la pente continue, dans le but
de diviser la ligne entière en parties, où le
système de moteur fût parfaitement identique,
et conséquemment le service beaucoup plus
régulier. D'ailleurs, on s'est ménagé ainsi tout
l'avenir du perfectionnement des machines locomotives, et cet avenir n'est pas sans espoir,
ainsi que nous l'avons vu.

Voici le profil du chemin de fer d'Andrezieux
à Roanne :

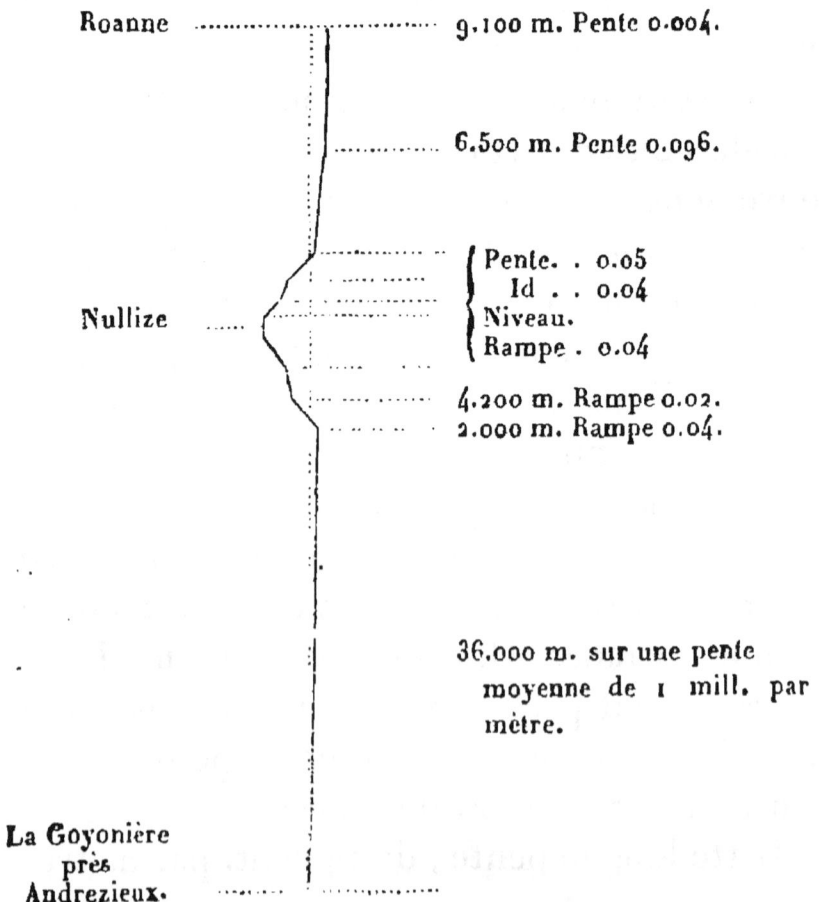

Roanne .... 9.100 m. Pente 0.004.

.... 6.500 m. Pente 0.096.

Nullize
{
Pente. . 0.05
Id . . 0.04
Niveau.
Rampe . 0.04
}

4.200 m. Rampe 0.02.
2.000 m. Rampe 0.04.

36.000 m. sur une pente
moyenne de 1 mill. par
mètre.

La Goyonière
près
Andrezieux.

Dans la plaine du Forez , la ligne est déve-loppée sur de grandes lignes droites, comme le chemin de Liverpool , et le service s'y peut exécuter parfaitement avec les machines loco-motives. On eût pu continuer la même pente jusqu'à Roanne ; mais pour cela il eût fallu établir le chemin de fer dans la gorge tor-tueuse où coule la Loire , au-dessous de Bal-bigny. De là serait résultée la nécessité de plu-sieurs souterrains. La crainte de cette dépense a engagé les ingénieurs à éviter ce passage, et à franchir le col par quatre plans inclinés éta-blis dans le vallon de quelques petits affluens de la Loire. Ce moyen était le moins dispen-dieux , comme établissement primitif du che-min ; mais les frais de transport en sont aug-mentés d'une manière sensible : car le passage de chaque plan incliné doit coûter de 20 à 25 centimes au moins par kilomètre et par tonne ; et les marchandises se trouvent assez retardées pour mettre près de trois jours à par-courir la longueur entière du chemin.

Prix de l'établissement d'un chemin de fer.

Le prix de l'établissement d'un chemin de fer se compose :

1°. Des dépenses en travaux de terrasse-mens et de maçonnerie ;

2°. De la dépense d'achat et de pose des bandes, chairs, dés ;

3°. De la dépense d'achat des terrains nécessaires pour établir le chemin ;

4°. De la dépense des waggons ;

5°. De la dépense des machines et accessoires, si on les emploie comme moteurs ;

6°. Des frais de conduite des travaux.

Le premier de ces articles est sujet à d'immenses variations, suivant les localités où se trouve placé le projet, et le plus ou moins de perfection que l'on voudra donner au tracé.

Au chemin de Liverpool à Manchester, le relevé des dépenses de construction donne :

Pour la maçonnerie de 60 ponts . . . 2.725.000 f.
Pour le passage du marais du Chat (*Chat-moss*). 300.000
Pour les remblais et déblais. 5 000.000
Engravement de la voie. 250.000
Chariots pour le transport des remblais. 220.000
Souterrain de Liverpool de 2.400 m. . . 1.100.000

En considérant le souterrain de Liverpool comme une dépense particulière, et en faisant abstraction, on aura 8,495,000 f. pour 48 kilomètres, distance du sommet du souterrain à Manchester : ce qui revient à 177,000 fr. par kilomètre, ou, si l'on comprend le souterrain de Liverpool, on aura 200,000 fr. pour le prix de l'établissement de chaque kilomètre.

La ligne du chemin de Saint-Etienne à Lyon est établie, comme nous l'avons dit, dans un pays extrêmement accidenté. Il existe sur cette ligne :

Un souterrain de 1.500 mètres qui a coûté. . . . . 1.200.000 f.

Un souterrain de 1.000 mètres qui a coûté. 500.000

Enfin plusieurs autres souterrains formant 2.000 mètres environ, lesquels reviennent à près de 300 fr. le mètre. 600.000

Un pont de 8 arches sur la Saône qui a coûté au moins. 600.000

Plus, trois ponts de 3 à 5 arches en pierres, deux passages en arceaux sur des ravins, etc.

Les dépenses relatives aux terrassemens, travaux d'art, percemens, peuvent être évalués à 7,000,000 pour 58 kilomètres; ce qui donne environ 120,000 fr. par kilomètre. Si l'on déduit les souterrains comme dépenses extraordinaires et particulières à la localité, il resterait environ 5,000,000, ce qui ferait revenir le prix du kilomètre à 90,000 fr. Observons que dans ce prix sont compris les frais des rampes à établir pour le passage des chemins et des routes, et ces rampes constituent une assez forte dépense dans un pays aussi peuplé.

Le prix du kilomètre exécuté sur le chemin

d'Andrezieux à Roanne est au-dessous de cette estimation. Il ne revient guères à plus de 5o à 6o fr. le mètre courant, soit 6o,ooo fr. le kilomètre. Mais ce chemin a plusieurs plans inclinés, ce qui est un grand inconvénient, ainsi que nous l'avons vu.

Cependant, en moyenne, dans un pays ordinaire, on peut estimer que la dépense des terrassemens ne dépassera pas ce chiffre de 6o,ooof par kilomètre. Cette évaluation suppose que les transports des déblais seront exécutés, comme pour les trois chemins que nous venons d'indiquer, à l'aide de waggons semblables à ceux de la *fig.* 35, et roulant sur des rails posés provisoirement. Cette pose provisoire est toujours imparfaite, parce que le terrain qui la porte se tasse inégalement, et de là résulte que les transports ne sont jamais exécutés sur cette ligne informe avec l'économie qu'on peut obtenir sur une ligne bien préparée. Mais ce système de transport présente encore un avantage immense sur le service ordinaire avec les brouettes et les tombereaux, qui ne se meuvent que difficilement dans les tranchées boueuses, et sur les remblais récens. Aussi peut-il s'appliquer avec succès à tous les grands travaux de terrassemens. (*Voyez* la note B à la fin de l'ouvrage.)

Le deuxième article de dépense est l'achat et la pose des rails, chairs et dés. Il dépendra principalement du prix du fer et de la fonte dont sont formés les rails et les chairs.

En se basant sur les prix actuels en France, prix qui ne peuvent que diminuer par le perfectionnement progressif des moyens de fabrication, on aura, pour une bande de 4 mètres 60 centimètres, soit 15 pieds anglais,

Poids de la bande, 60 kil. à 35 fr. les
   100 kilogrammes. . . . . 21 f. 00 c
6 chairs pesant 3 kil. chaque, 18 kil. à
   35 fr. les 100 kilogrammes. 6   30
Six dés à 75 centimes. 4   50
Chevilles et coins. 0   50
Pose à 40 centimes le dé. 2   40

                 Total. . . 34 f. 70 c.

Soit par mètre. . . . . 7 f. 54 c.
Ou par mètre de chaque
   voie. 15   08
Pour deux voies. 30   16
Ce qui fait par kilomètre. 30160 fr. soit 30.000 f.

La dépense des achats des terrains est extrêmement variable, suivant, 1°. la largeur du terrain occupé par les parties de chemin en remblai ou déblai ; 2°. La qualité et la situation des terrains traversés par la ligne projetée.

On peut supposer qu'un chemin à double voie couvrira 12 mètres en moyenne, dont 6 pour la voie et 3 pour chaque talus.

En espérant que la nouvelle loi d'expropriation diminuera les frais occasionnés par les procès qu'entraînent les achats de terrain, on peut porter le prix du mètre carré à un peu moins de 1 fr., et compter 10 fr. par mètre courant, ou 10,000 fr. par kilomètre pour cette dépense.

La quantité des waggons et le nombre des machines sont des quantités qu'on ne peut absolument apprécier que pour un tonnage et une vitesse donnés.

Nous nous contenterons donc de rappeler qu'un waggon ordinaire revient à 500 fr.

Un waggon suspendu sur ressorts, à 800 fr.

Une machine de force ordinaire coûte 15 à 20,000 fr.

Nous avons donné plus haut le prix de tout le matériel des plans inclinés.

Quant aux frais de conduite des travaux, ils ne doivent pas dépasser $\frac{1}{20}$ du capital employé, y compris les études du tracé. Cette appréciation est conforme aux résultats fournis par la construction des divers canaux et des chemins de fer établis en France.

En récapitulant les frais d'établissement de

la ligne seule, nous aurons donc pour le prix d'un kilomètre :

Terrassement et travaux d'art.	60.000
Rails, chairs et dés en place.	30.000
Terrains.	10.000
Un vingtième pour la conduite des travaux.	5.000
Idem pour frais imprévus.	5.000

Total. . . 110.000

Cette estimation peut être considérée comme une moyenne applicable aux grandes lignes de chemin de fer. Mais pour les chemins de fer de petite étendue, elle peut varier extrêmement, suivant les circonstances locales, puisque plus de la moitié de la dépense porte sur les frais de terrassement et travaux d'art. Souvent la dépense totale se réduira à 6o fr. par mètre.

Les points où se chargent et se déchargent les marchandises exigent un certain nombre de croisemens et de voies auxiliaires, qui varie suivant l'importance du tonnage. On trouvera, dans la note C, le détail des prix des diverses pièces de croisement que nous avons décrites. Ici je me bornerai à rappeler qu'un développement suffisant de lignes auxiliaires sur les points de chargement doit être regardé comme une condition vitale d'un bon service.

Prix de l'entretien d'un chemin de fer.

Les frais d'entretien de la partie fixe d'un chemin de fer dépendent du plus ou moins de transports qui la fatiguent journellement, et de la vitesse adoptée pour les transports. Si le tonnage est peu considérable, si la vitesse est assez lente, comme il arrive lorsque les waggons sont conduits par des chevaux, la durée des rails peut aller jusqu'à quinze ans, ainsi qu'on l'a reconnu sur plusieurs chemins de fer qui desservent des exploitations aux environs de Newcastle. Dans ce cas, les chairs peuvent durer aussi très-long-temps, et l'entretien de la voie se réduit presque au renouvellement des chevilles et des coins, que l'humidité détruit assez vite, malgré les diverses précautions qu'on peut prendre pour les en préserver. Ceci suppose que la ligne ne présente pas de courbes raides. Car alors, le mouvement des waggons étant contrarié par ces courbes, une portion considérable de la force motrice se trouve employée à vaincre cette résistance, et détruit nécessairement la solidité de l'assemblage des rails, contre lesquels frottent les oreilles des roues. Aussi, sur des courbes semblables, c'est-à-dire jusqu'à 200 mèt. au moins de rayon, le rail extérieur se trouve-t-il déversé et usé en très-peu de temps. Mais ces courbes doivent être exclues de toute grande ligne de chemins de fer.

Pour redresser une voie tourmentée, le cantonnier se sert d'une espèce de griffe, ou de levier en fer recourbé carrément à son extrémité. Avec cet outil, il saisit la bande par son côté déversé, en se plaçant au milieu de la voie ; puis, en pesant sur la queue du levier, il redresse facilement la bande et les dés déversés : tandis que, avec un levier ordinaire, il ne pourrait trouver le plus souvent qu'un mauvais point d'appui sur le sol.

Lorsqu'on emploie des chevaux, et en général ce genre de moteur est trop facile à se procurer, trop commode au moins comme aide, pour qu'on doive y renoncer de suite pour les gros transports, il est nécessaire d'empierrer fortement le milieu de la voie et d'y former une espèce de cailloutage pour que les chevaux puissent appuyer leurs pieds. Autrement l'eau s'amasse et séjourne dans les creux que leurs pas ont formés ; ils marchent alors très-difficilement. De plus l'eau pourrit les chevilles des dés, les coins des rails, et, s'insinuant sous les dés, elle les déchausse rapidement, et les fend même s'ils sont d'une nature un peu gelive. Ce cailloutage demande toujours un rechargement plus ou moins fréquent avec les chevaux. Il est encore utile, quand on n'emploie que des machines, par la consolidation qu'il donne à toute la voie.

Lorsque le transport est très-considérable, lorsque la vitesse est rapide et que l'on emploie des machines locomotives, les frais d'entretien croissent sensiblement. Les dérangemens de la voie deviennent fréquens, même avec des courbes étendues. Les dés se déplacent ou s'enfoncent par les secousses que leur impriment des convois de vingt-cinq chariots, pesant 100,000 kilogrammes, et allant à trois lieues à l'heure, ou des machines dont le poids s'élève de 5,000 à 7,000 kilogrammes répartis seulement sur quatre roues. Par suite de ces mêmes secousses, les coins et les chevilles des chairs se trouvent ébranlés : alors le chair n'est plus fixe et se soulève sur son dé. Cet effet est sensible surtout sur les chairs placés aux joints des bandes : ils se trouvent en effet soulevés par toute la longueur de la bande, qui fléchit principalement au milieu sous le poids dont elle est chargée. Une fois le chair soulevé sur son dé, il casse au milieu très-facilement. Si la pente est assez rapide, on doit se servir souvent des freins pour enrayer, et ces freins produisent un frottement extrêmement énergique de la roue sur le rail. Celui-ci, n'ayant pas une surface aussi dure que la jante trempée de la roue, s'use et s'exfolie à sa partie supérieure. Cet effet a même lieu, sans l'emploi de freins, par le seul effet de la vitesse de rotation des roues, qui font sur le rail l'effet d'un cylindre de laminoir, et en désunissent les différentes couches, si elles ne sont pas parfaitement soudées. Quelquefois aussi, des bandes cassent, lorsqu'un essieu ou une roue vient à se rompre, de sorte que le poids d'un chariot chargé retombe sur le rail; mais cette cause de détérioration est beaucoup plus rare.

Les rails brisés, usés ou exfoliés peuvent se revendre, comme nous l'avons dit, à 20 ou 22 f. les 100 kil. Les rails neufs coûtent 35 fr. les 100 kil. Ainsi la perte sur un rail hors de service n'est que de 40 $\frac{o}{o}$ au plus de la valeur qu'il a, étant neuf.

Les chairs brisés se revendent à moitié perte comme *bocage* pour mêler dans la fonte des pièces de grand échantillon.

D'après le compte-rendu des dépenses du chemin de Manchester à Liverpool en 1832, les frais d'entretien de la ligne s'élevaient à 373,882 fr. par an par 50 kil., soit, 7,477 fr. 64 c. par kilomètre. Au premier semestre de 1833, ces frais montent ensuite à 3,357 fr. par kilomètre, pour six mois ou à 6,724 pour un an. Cette somme énorme tient à l'extrême rapidité des transports.

Sur le chemin de Saint-Etienne à Lyon, où les vitesses sont plus modérées, ces frais d'entretien de la ligne ne dépasseront pas au plus le $\frac{1}{3}$ de cette somme, soit 2,590 fr., malgré les difficultés particulières que présentent l'entretien des parties en courbes et le voisinage du Rhône.

On peut donc compter 2,500 fr. comme la moyenne des frais d'entretien d'un kilomètre de chemin de fer soumis à un transport considérable, et à une vitesse de 3 à 4 mètres par seconde.

Sur un chemin à tonnage moyen, et à vitesse au plus de un mètre et demi, ce chiffre de l'entretien ne dépasserait pas 1,000. Mais alors il faudra proportionnellement un plus grand nombre de chariots. Ainsi, sur le chemin de Saint-Etienne à la Loire, où le service se fait lentement, il existe près de 250 chariots, et cependant les transports de ce chemin ne dépassent pas en moyenne 50 chariots par jour.

Dans les chapitres précédens, nous avons estimé les frais de traction sur les différentes pentes, et les frais occasionés par chaque espèce de moteur.

L'entretien annuel d'un waggon, de manière à le tenir constamment en état de service, peut s'estimer à 50 fr. au moins. Pour vérifier cette estimation, il faut observer que, sur les 500 fr. qui composent le prix de confection

d'un waggon, il y a au moins 3oo fr. en essieux, roues, boîtes, supports, barres de fond
et boulons, objets qui résistent assez bien, et
qui, étant brisés, se revendent à moitié prix; les
2oo autres francs sont le prix du bois des sablières et de la caisse, et du travail des char-
pentiers : ces parties du chariot sont celles qui
se détériorent le plus fréquemment, par l'usure
ou par le choc des waggons les uns contre les
autres.

On conçoit, au reste, que l'entretien annuel
d'un waggon est en raison directe de son
service annuel. Si le chemin a peu d'activité,
ou si le nombre des waggons y est très-considérable par rapport à la quantité donnée des
transports, un chariot durera beaucoup
plus long-temps sans réparation.

Les frais d'administration seront une proportion de la recette totale d'autant plus sensible, que cette recette sera moins forte. Sur
un chemin à grand transport, on peut l'évaluer par approximation au moins à $4 \frac{o}{o}$ de la
recette brute.

Rappelons, avant de finir ce chapitre, que
les estimations que nous venons de fixer ne sont
que des moyennes, qui peuvent varier suivant
les conditions particulières où l'on se trouve
placé et qui sont toujours modifiées par les localités, et les quantités de transport.

CHAPITRE II.

Comparaison des divers moyens de transport pour les marchandises.

Je présenterai, dans ce chapitre. quelques remarques sur les avantages relatifs des canaux, des chemins de fer, et des routes ordinaires. Cette question a excité, en Angleterre surtout, une foule de discussions auxquelles les journaux ont pris part pour les canaux ou les chemins de fer, et de part et d'autre, on a écrit sans connaître les premières bases de la question. On a comparé indistinctement un canal ou un chemin de fer quelconque, sans songer que les détails d'exécution de ces grandes voies de communication peuvent modifier, du simple au double et au triple, l'économie qu'elles peuvent apporter dans les frais de transport. Aujourd'hui, cependant, l'engouement s'étant dissipé, on est revenu aux chiffres ; l'on commence à comprendre qu'il est impossible d'établir rigoureusement une comparaison générale et absolue entre deux modes de transport, dont le choix dépend spécialement des localités où le projet doit être exécuté.

Pour choisir entre un canal et un chemin de fer, comme grande communication commerciale, il faut considérer, 1°. la pente et la nature du terrain traversé, ainsi que les facilités qu'on pourra avoir pour se procurer les eaux nécessaires à l'alimentation du canal ; 2°. la nature des relations commerciales des points situés aux extrémités ou sur la ligne traversée. Le sens dans lequel se dirige la plus grande masse de transports, la nature même des marchandises, la distance à laquelle elles sont expédiées, sont en effet des circonstances de la plus haute importance qu'on doit bien examiner avant de rien décider.

Canaux à large section. —Sur le canal du Languedoc, deux chevaux ordinaires conduisent un bateau de 100 tonneaux à 13,600 mètres par heure. Ils parcourent 36,000 mètres par jour, et rencontrent sur la longueur de leur trajet 100 écluses réparties sur 240 kil., longueur du canal. On compte pour les frais :

Chevaux, pour 7 jours à 6 fr. les deux. .   42 f. 00 c.
Usure du bateau.   56   00
Un patron et deux hommes à 4 fr. 50 c. .   74   50
                                           _____
                              (1) Total. . . 172 f. 50 c.

Ce qui donne 0 fr. 0080 pour le prix du transport d'un tonneau à 1 kilomètre. Les éclu-

_____

(1) Ces détails sont tirés de l'ouvrage intitulé : *Essai sur les bateaux à vapeur*, par Tourasse et Mellet.

ses étant de 2,60 environ de chute, la pente moyenne du canal est de 1 mil. par mètre environ.

Sur une pente semblable, les machines locomotives ne pourraient faire les transports, en supposant les retours chargés, à moins de 1.5 par kil. et par tonne.

Ainsi, sous ce rapport, le canal a l'avantage, abstraction faite du plus ou moins d'inconvénient que peut offrir au commerce son chômage d'été et d'hiver. Resterait à comparer l'intérêt du capital d'établissement, de part et d'autre, et sous ce point de vue, l'on peut dire en général qu'un canal de grande section, et un chemin de fer de grande communication, d'une inclinaison moyenne de 0 à 2 mil. par mètre, doivent avoir à peu près les mêmes frais d'établissement; car les derniers ouvrages publiés sur la navigation de la France évaluent:

Le kilomètre de canal de grande section à 90.000 f.
Plus, le mètre de chute d'écluse à. 24.000

Ainsi, un kilomètre de canal sur

1 millimètre par mètre coûterait. . . . 114.000 f.
2 millimètres par mètre. 138.000
3 millimètres par mètre. 162.000

Nous avons estimé en moyenne la construction d'un kilomètre de chemin de fer à

110,000 fr. Ainsi, quand le terrain présente une pente peu rapide, la dépense d'établissement est à peu près égale de part et d'autre.

Mais il n'existe que peu de canaux où l'on puisse employer les chevaux avec avantage. Pour tous ceux où des ponts, et surtout des écluses multipliées exigent qu'on désattelle momentanément, pour ceux où le chemin de halage présente des tournans rapides, on ne peut employer les chevaux aussi commodément, et l'on est obligé d'avoir recours aux hommes pour tirer les bateaux.

Ainsi, sur le canal de Briare, dont la longueur est de 108 kil., le halage se fait par des hommes qui mettent sept jours à conduire un bateau de 40 tonneaux seulement, vu la moindre dimension du canal.

Les frais sont comme suit :

Trois mariniers pour 7 jours.	60
Deux haleurs.	24
Entretien du bateau.	60
Total. . .	144 f.

Ce qui fait par kil. et par tonne $0^f.333$, et cependant la pente de ce canal ne présente pas une inclinaison très-marquée. Ici, les chemins de fer auraient un avantage sensible.

Si l'on prend pour exemple le canal de

Givors, sa pente moyenne est de 6 millimètres par mètre, comme pour le chemin de fer qui suit la même vallée. Sur 17,000 mètres, ce canal présente 28 écluses de chute inégale, des ponts assez fréquens, des tournans rapides, circonstances qui excluent les chevaux.

Les frais, pour un bateau de 60 tonneaux, sont ainsi qu'il suit :

Halage par deux hommes, et un marinier, descente. . . . . 15 f.
Remonte à vide. 12
Usure du bateau et entretien du câble, pendant 6 jours, temps du trajet et du chargement. 10

$$\text{Total. . .} \quad 37$$

ce qui monte les frais à 0 fr., 0315 par kilomètre et par tonne.

Sur le chemin de fer, la descente de 60 tonnes sur 20 chariots peut se faire au moyen d'une demi-journée d'homme, et le prix de remonte des chariots vides s'élève à 1 fr. environ par chaque chariot. A ces frais on doit joindre l'usure et graissage des chariots calculés à raison de 0 f. 50 c. pour un. En réunissant ces élémens, on aura :

Descente de 60 tonnes. . . . . 1 f. 25 c.
Remonte de 20 waggons. 20   00
Usure et graissage des waggons. 10   00

$$\text{Total. . .} \quad 31 \text{ f. } 25 \text{ c}$$

ce qui donne l'avantage au chemin de fer, malgré la pente.

Il est vrai que, pour les marchandises en remonte, le prix du halage par le canal serait beaucoup moins élevé que sur le chemin de fer, et l'on peut remarquer en général que jusqu'à cette limite de 6 millimètres par mètre, ce qui revient à une écluse tous les 500 mètres, un canal aura l'avantage pour la remonte. Mais, d'un autre côté, on fera observer que, sur de semblables pentes, il faudrait des dépenses énormes en réservoirs et rigoles pour alimenter des canaux à écluses de large dimension, comme le canal du Languedoc que nous avons cité plus haut, et ces canaux seuls sont susceptibles de recevoir des bateaux de dimension avantageuse pour la navigation des rivières. Avec les canaux de moindre dimension, comme le sont la majeure partie des canaux exécutés en France, comme l'est le canal de Givors que nous avons pris pour exemple, il faut à l'entrée du canal opérer un transbordement souvent très-coûteux, ou bien il faut que les bateaux construits pour le canal naviguent en rivière, ce qui double les frais de navigation, à cause de leur forme carrée et de leur tirant d'eau, généralement trop fort pour la rivière où ils doivent être reçus.

Avec un chemin de fer, il y a bien déchargement du waggon dans le bateau ; mais cette
opération revient à 5o c. environ par waggon,
ou 17 c. par tonne, ce qui ne fait que 17 fr.
pour un bateau de 100 tonneaux, tandis que
le transbordement seul coûte au moins 4o f.
pour un bateau de cette dimension, et de plus
lorsque le chargement est en charbon, le déchet
est très considérable.

Pour faire apprécier la différence des frais de
navigation sur les rivières avec les bateaux étroits
et les bateaux larges, il suffira de dire que sur
le Rhône un grand bateau de 160 à 192 tonneaux, à forme évasée, et un bateau de canal.
qui porte 100 tonneaux au plus, coûtent le
même prix pour les rendre en Provence (200 fr.
environ).

Lors donc que le canal ne peut être tracé
sur de très-grandes dimensions, le chemin de
fer a un avantage marqué sur lui pour les
transports en descente. De plus la navigation
doit être interrompue sur le canal par les gelées
et les sécheresses, et le chemin de fer est indépendant de ces obstacles. La neige seule peut
l'entraver si elle est très-forte ; mais elle est
bien vite déblayée au moyen d'une espèce de
charrue armée d'un double soc qui porte sur
les rails : on traîne cette charrue avec des che-

vaux, et elle nettoie promptement la surface des bandes de manière à assurer le passage des convois.

En général, on doit dire que les canaux et les chemins de fer sont deux bons moyens de transports pour les marchandises, et l'inspection seule du terrain et de la quantité de denrées à transporter peut faire préférer l'un à l'autre.

Si l'on est en plaine avec une inclinaison qui ne passe pas 2 millimètres par mètre, si le tonnage est très-considérable, si le terrain est compact et non sablonneux, ce qui ôterait la possibilité de rendre facilement le canal étanche, enfin, si l'on peut avoir des moyens d'alimentation faciles, un canal paraît préférable.

Mais, si avec cette pente, l'une des conditions précédentes manque, il vaut mieux construire un chemin de fer.

De 2 mill. à 6 mill., le choix dépendra des conditions précédentes, et de plus du sens dans lequel doit se diriger le principal transport, composé de grosses marchandises. S'il est à la descente, un chemin de fer sera toujours préférable ; s'il est à la remonte, il faudra préférer un canal, pourvu qu'il puisse être alimenté d'eau sans de trop grands frais. Car l'on aura jusqu'à deux écluses par 1000 mè-

tres, et la consommation d'eau sera énorme.
Une seule éclusée dépense 500 mètres cubes,
et malgré tous les calculs faits sur la dépense
d'eau des canaux, l'irrégularité du service
porte la dépense réelle à près d'une éclusée,
par chaque écluse traversée, même sur un
canal à point de partage.

Par le mot de grosses marchandises, je
veux désigner les marchandises non encombrantes, telles que le charbon, la pierre à
chaux, les briques, les planches, les sacs de
blé ou les balles de coton. S'il s'agissait de
marchandises encombrantes, telles que le foin,
les bouteilles, les bois fort longs, un chemin
de fer en opérerait le transport difficilement,
parce qu'elle doivent être réparties sur plusieurs waggons, et qu'ainsi il y aura trop de
waggons occupés et embarrassés par peu de
poids, à moins que l'on n'ait des waggons
exprès pour chaque espèce de marchandises;
or c'est là un inconvénient capital, comme
nous l'avons remarqué.

Au-dessus de 6 mill. par mètre, le canal
devient trop coûteux et d'un transport trop
lent pour pouvoir être mis en ligne de comparaison. On comprend que je veux parler d'une
certaine longueur de canal établie sur cette
pente, et non d'un simple passage de point de
partage qui peut être difficile pour un canal,

même dans des localités où le reste du tracé sera facile à établir.

Comme les canaux, les chemins de fer ont aussi leur limite où ils ne luttent guères avec avantage contre les routes ordinaires.

La résistance sur une route pavée, bien entretenue, s'évalue en plaine à $\frac{33}{1000}$ environ, tandis que sur un chemin de fer, elle est seulement $\frac{5?}{1000}$; mais à mesure que la pente augmente, la résistance nouvelle, créée par la partie du poids décomposée, s'ajoute pour les transports en remonte à la résistance du frottement, de manière que les deux résistances totales, de part et d'autre, finissent par se rapprocher l'une de l'autre : c'est ce que montre le tableau suivant :

PENTE exprimée en millim. par m.	RÉSISTANCE due à la pente.	ROUTE PAVÉE ORDINAIRE.		CHEMIN DE FER.		RAPPORT des résistances totales.
		RÉSISTANCE due au frottement.	RÉSISTANCE totale.	RÉSISTANCE due au frottement.	RÉSISTANCE totale.	
0	0.000	0.033	0.033	0.005	0.005	1 .... 6.60
5	0.005	«	0.038	«	0.010	1 .... 3.80
10	0.010	«	0.043	«	0.015	1 .... 2.86
20	0.020	«	0.053	«	0.025	1 .... 2.12
30	0.030	«	0.063	«	0.035	1 ... 1.85
40	0.040	«	0.073	«	0.045	1 ... 1.62
50	0.050	«	0.083	«	0.055	1 .... 1.50

Ainsi, dès que l'on se trouve atteindre des pentes de 4 à 5 c. par mètre, la résistance sur le chemin de fer est environ les $\frac{2}{3}$ de la résistance sur la route royale, tandis qu'en plaine, elle n'est que le $\frac{1}{7}$ environ de cette même résistance. Si les transports sont en descente, la force motrice de la pesanteur devient trop puissante sur le chemin de fer, et, comme d'ailleurs il faut dans ce cas remonter les chariots vides, l'avantage du chemin de fer diminue très-sensiblement avec l'augmentation de la pente.

Il est vrai que, pour les pentes au-dessus de un centimètre par mètre, on peut employer des machines stationnaires, ou des plans automoteurs et, dans certaines localités, avec certaines conditions dans le service des transports, ces moyens peuvent offrir une économie considérable sur les autres moteurs.

Mais nous avons vu plus haut les difficultés que présente leur application, et les inconvéniens qui en résulteraient, si le service n'était pas d'une régularité rigoureuse.

En général, nous devons dire qu'une ligne étendue de chemin de fer ne devra jamais présenter de longues pentes de plus de 15 mill. par mètre pour qu'elle puisse offrir un avantage notable sur une route ordinaire. L'application des chemins de fer aux pentes rapides doit se limiter au cas du service d'une usine ou d'une exploitation, éloignée de quelques kilomètres du point où elle embarque ses produits.

CHAPITRE III.

Du service des voyageurs et des marchandises précieuses sur les chemins de fer.

Pour les transports rapides, les chemins de
fer ont un avantage marqué sur toute espèce
de mode de communication. Ils présentent de
plus un agrément et une commodité de transport qu'on ne trouve que dans les voyages
par eau.

Sur les canaux, la résistance produite par le
frottement de l'eau contre le bateau qu'on y
conduit, croît proportionnellement au carré de
la vitesse du mouvement. D'après cette loi suffisamment exacte dans les applications ordinaires de la pratique, si un bateau éprouve
une résistance $= R$, lorsqu'il est traîné au
pas ordinaire des chevaux, ou à un mètre par
1″, il éprouvera une résistance $= R v^2$, étant
conduit avec une vitesse v par 1″, et comme le
cheval devra entraîner cette résistance avec
la même vitesse v, le pouvoir dynamique total
nécessaire sera représenté par $R v^3$ et croîtra
proportionnellement au cube de la vitesse.

Ainsi, la résistance d'un bateau de dimension ordinaire marchant à 1 mètre par 1″ sur
un canal de grande section, est de 20 kilog.
environ. La résistance qu'il opposera à une

vitesse double ou de 2 mètre par 1″, sera 20
× 4 ou 80 kilog., et le pouvoir dynamique
nécessaire pour le conduire sera 20 × 8 ou
160 kilog. Pour une vitesse de 3 mètres par 1″,
le pouvoir dynamique nécessaire serait 20×27
=540, d'où il résulte que la navigation nécessite un excédant de force considérable pour
les vitesses accélérées.

Cependant on emploie les bateaux à vapeur
avec succès sur mer et sur les rivières, mais
il faut considérer que la résistance opposée
au mouvement est beaucoup moindre sur mer
ou sur les grandes rivières, que dans un canal
assez étroit comme le sont les canaux de communication intérieure. D'ailleurs, le remou oc-
casioné par les aubes des bateaux à vapeur dé-
truirait très-rapidement les berges des canaux.
On espère pouvoir surmonter cette difficulté en
remplaçant les roues à palettes par des hélices
agissant sous l'eau. Mais les essais faits dans
ce système ne sont pas encore bien concluans.
Enfin, on doit remarquer que le passage des
écluses, exigeant au moins dix minutes, devient une grande cause de retard lorsque les
écluses sont un peu fréquentées.

Aussi les seuls canaux de France où l'on
conduit des voyageurs sont ceux du Languedoc
et de Beaucaire, canaux à large section et à
peu d'écluses : encore ce mode de transport

est-il plutôt économique que rapide. En Angleterre, le service des voyageurs sur les canaux
se borne à un ou deux canaux d'Ecosse.

Sur un chemin de fer, le frottement agit
comme une force retardatrice constante. Si
donc l'on évalue la résistance opposée par ce
frottement sous l'unité de vitesse, cette valeur de la résistance restera la même pour
toute autre vitesse supérieure. Le pouvoir
dynamique nécessaire pour opérer le mouvement sera représenté par le produit simple de cette valeur de la résistance multipliée par la vitesse, tandis que sur les canaux
ce même pouvoir dynamique nécessaire sera
représenté par le produit de la résistance sous
l'unité de vitesse multipliée par le cube de la
vitesse du mouvement. La résistance élémentaire sous l'unité de vitesse est, pour un che-
min de fer, $\frac{1}{200}$ et pour un canal $\frac{1}{600}$ du poids
transporté. Ce dernier nombre résulte des
expériences faites en Angleterre. Ainsi à une
vitesse de 3 mètres par $1''$, la résistance sur le
canal sera $\frac{9}{600}$ ou $\frac{1}{66}$. Le pouvoir dynamique
nécessaire pour cette vitesse sera repré-
senté sur le chemin de fer par $\frac{1}{200}$ de 1000 kil.
transporté à 3 mètres, soit $\frac{1}{66}$ de 1000 kil.,
transporté à 1 mètre. Sur le canal, ce pouvoir
dynamique sera $\frac{1}{66}$ de 1000 ^{k} transporté à 3 mètres, soit $\frac{1}{22}$ transporté à un mètre, ou le triple

du pouvoir nécessaire sur un chemin de fer. On voit donc que, pour les vitesses accélérées, les chemins de fer présentent sur les canaux une économie considérable dans la force du moteur.

Sur les routes, la résistance élémentaire doit être de même multipliée par la vitesse simple pour avoir l'expression du pouvoir dynamique nécessaire à la traction. Mais ici, la résistance élémentaire sous l'unité de vitesse, est déjà très-considérable, et ce ne serait qu'à des vitesses extrêmes que ce système de transport pourrait présenter une économie sensible sur les canaux.

Le moteur employé, animal ou machine, se fatigue plus aisément en augmentant la rapidité du mouvement, et sa charge doit diminuer plus rapidement que ne croît la vitesse. Ainsi les frais de traction seront proportionnellement plus considérables avec les grandes vitesses ; mais quand il s'agit de transport d'hommes ou de marchandises précieuses, dont l'expédition rapide peut être payée à plus haut prix, on ne doit pas craindre cet excédant de frais qui est toujours largement payé.

Pour comparer entr'eux les différens moteurs qu'on peut employer pour les transports de voyageurs sur les chemins de fer, nous nous supposerons toujours dans les mêmes conditions, c'est-à-dire avec le combustible à bas prix. Sur un chemin à peu près horizontal, un cheval faisant 4 lieues à l'heure peut conduire un poids de 5 tonneaux ou 5,000 kilog. mais il sera bien de ne lui faire parcourir que 2 lieues à chaque course, et de le relayer de demi-heure en demi-heure. Avec un semblable service, il peut parcourir 20 kilomètres par jour, et coûtera 6 fr.

Une machine, construite pour servir au transport des grosses marchandises et pour marcher ainsi à raison de 10 kilomètres à l'heure, pourra être facilement accélérée jusqu'à 16 kilomètres ou 4 lieues, et à ce taux de vitesse, elle conduira sans peine un poids de 30,000 kil. ou trente tonneaux. Il faudra deux machines pour être sûr d'en avoir une toujours en disponibilité, et l'on devra compter la machine active à 38 fr. par jour, en supposant que sa journée se borne à 80 kilomètres.

Une machine construite pour aller à raison de 25 kilomètres à l'heure, comme celles de Manchester, pourra conduire avec cette vitesse une charge égale à la précédente. Mais alors il faudra 4 machines pour en avoir une en disponibilité, et les frais de la machine active reviendront à 60 fr. au moins, pour une distance semblable de 80 kilomètres parcourus dans sa journée.

Le choix de ces différens moteurs dépendra de la quantité des voyageurs, du plus ou moins d'intérêt qui sera attaché à l'extrême rapidité du transport, et de la pente sur laquelle est tracé le chemin. Si l'on n'a que deux ou trois départs par jour, et que la quantité des voyageurs à chaque départ soit au plus de 40, il est évident qu'il faut employer uniquement des chevaux. Car 15 personnes pesant 1,000 kilogrammes environ, 40 représenteront 2,600 kilogrammes, et, en les supposant placées dans deux voitures de vingt places, la charge totale avec les voitures ne pèsera que 5,600 kilogrammes.

En supposant 40 kilomètres par exemple, pour la longueur de la ligne parcourue, en admettant de plus que le chemin fût de niveau, un cheval pouvant exercer un effort de 30 kilogrammes avec une vitesse de 4 mètres par 1″, entraînera les deux voitures pesant 5.600 kilogrammes, et le transport par les chevaux coûtera pour un voyage :

Quatre relais, demi-journée de cheval chaque.	12 f.	00 c.
Une demi-journée de conducteur à 3 fr. .	1	50
Huile avec les boîtes à rouleaux.	0	30
Engravement de la voie.	1	20
Total pour le transport de 40 voyageurs	15 f.	00 c.

Si l'on se servait des machines, le service coûterait le triple, parce que leur force ne serait pas employée.

Mais si l'on avait un nombre triple de voyageurs à chaque départ, si l'activité des relations entre les points extrêmes était assez grande pour payer les frais d'une vitesse supérieure, alors les machines seront employées avec succès. Ainsi, entre Manchester et Liverpool, deux villes d'immense commerce, et dont la deuxième est le port de la première, il existait déjà 48 diligences par terre, avant la construction du chemin de fer, et le trajet, qui est de 30 milles anglais, soit 50 kilomètres, se faisait en trois heures et demie. Le chemin de fer n'a pu s'approprier ce nombre immense de voyageurs qu'en réduisant à une heure et demie ou deux heures le temps total du trajet. Pour cette vitesse, il fallait nécessairement des machines locomotives, et des machines construites de manière à voler, pour ainsi dire, d'une ville à l'autre.

De l'horizontalité sensible, passons à une pente de 5 à 6 millimètres par mètre : alors les voitures descendront seules, ce qui changera la nature du service. En supposant toujours deux voitures chargées de quarante voyageurs en tout, ce poids de 5,600 kilogrammes représentera, en montant, une résistance double de celle qu'il présentait en plaine. Il faudra donc deux chevaux au lieu d'un. Mais les chevaux revenant au pas à leur écurie, il s'en suit qu'ils pourront parcourir par jour une plus grande distance. Ainsi, en établissant des relais de 7,000 mètres, ces chevaux pourront faire deux remontes par jour au grand trot, ou deux descentes au pas, ce qui leur fera 28,000 mètres par jour. Ils coûteront du reste le même prix, ou au plus ils iront chacun à 6 fr. 50 c.

Alors on aura pour le trajet d'un système de deux voitures parcourant 40 kilomètres :

Six relais à $\frac{1}{4}$ de journée de deux chevaux
    coûtant 13 fr., soit $6 \times \frac{13}{4}$. . . . . 19 f. 50 c.
Une demi-journée de conducteur.   1   50
Huile.   0   30
Engravement de la voie.   1   00
                                  Total. . . 22 f. 30 c.

Ainsi en supposant deux montées et deux descentes par jour, le service coûterait en totalité 89 fr. 20 c., et le prix seul des six relais de chevaux reviendrait à 78 fr.

Pour un service semblable, il faudrait deux machines en activité, ce qui supposerait quatre machines disponibles. Chaque machine étant comptée à 38 fr. par jour, le prix de leur service reviendrait à 76 fr. Ainsi déjà il y aurait avantage à employer des machines, puisqu'on aurait une plus grande vitesse. Mais la différence devient de plus en plus sensible, à mesure que la pente augmente, parce que la résistance croît rapidement et se rapproche de l'effort pour lequel les machines sont calculées.

Ainsi, sur une pente ascendante de 14 millimètres par mètre, la résistance sera

$$5.600 \text{ kilog.} \times \left(\frac{5 - 14}{1000}\right) = 101 \text{ kilog.}, \text{ et pour}$$

le même système de convoi de voyageurs, il faudra établir des relais de 5 mille mètres, et atteler trois chevaux, chacun faisant un effort de 33 kilogrammes, et remontant de plus son propre poids.

Alors la dépense du trajet d'un système de deux voitures se composera comme il suit :

Huit relais de $\frac{1}{4}$ de journée de trois chevaux, à 6 fr. 50 cent. l'un (chaque che-
val faisant deux descentes seulement,
vu la pente qui les fatigue extrêmement). 39 f. 00 c.
Conducteur, $\frac{1}{2}$ journée. 1 50
Huile. 0 30
Engravement de la voie. 1 00

Total. . . 41 f. 80 c.

Le service total de deux montées et deux descentes reviendra donc à 167 fr. 20 c. et le prix seul des relais de chevaux à 156 fr.

Sur cette pente, il faudrait deux machines en activité qui coûteraient 40 fr. l'une comme nous l'avons vu, ou 80 fr. les deux. Ainsi, il y aurait une grande économie, en faveur de l'emploi des machines. Mais cet avantage serait bien plus grand si le nombre de voyageurs était double ; car la résistance que peut surmonter une machine sur cette pente étant au moins de 190 kil., elle conduirait pour le même prix de 40 fr. par jour ce nombre double de voyageurs.

Toutefois cet avantage serait moindre si le combustible coûtait le double ou le triple ; car le prix du travail de la machine serait considérablement modifié. Ainsi, dans une localité éloignée des houilles, comme Paris, le coke, que nous supposons à 75 c. les 100 kil., coûterait 3 fr. au moins le même poids. Les 100 kil., que nous avons supposés consommés par la machine pendant sa journée coûteraient 30 fr. au lieu de 7 fr. 50 c., c'est-à-dire 22 fr. 50 c. de plus ; de sorte que le prix du travail journalier de la machine irait à 62 fr. 50 c. avec des vitesses modérées. Si l'on employait du charbon, la différence du prix serait aussi grande. Au reste, l'usage de ce dernier combustible est insupportable aux voyageurs à cause de sa fumée.

Je parlerai peu de l'emploi des machines

fixes pour le transport des voyageurs. Si l'on suppose que sur le même chemin il y ait marchandises et voyageurs, il faudrait réunir sur un seul point une force puissante, capable de servir pour les gros transports, et d'entraîner le poids du câble dont le frottement devient souvent plus de la moitié de la résistance totale à vaincre. Cette force, employée à mener des voyageurs, n'aurait pas un effet utile proportionné aux frais considérables que son emploi nécessiterait. Cependant il se peut que l'emploi de ce moteur devienne indispensable, si le chemin doit avoir des pentes de 4 à 5 centimètres par mètre comme celui d'Andrezieux à Roanne. Alors la machine fixe remonte les voyageurs comme les autres convois : mais c'est une nécessité et non point un avantage, puisqu'il y a un excédant énorme de force inutile lorsque la machine remonte des voyageurs seuls. D'un autre côté, si on supposait qu'un chemin destiné au transport des voyageurs fût établi, à cause des localités, sur des pentes assez rapides, l'on pourrait songer à des machines fixes en diminuant le poids du câble ; mais les ruptures accidentelles de ce câble, les interruptions qui s'ensuivraient dans le service, la difficulté des croisemens avec les routes, les retards nécessaires pour communiquer les signaux d'une station à l'autre, empêcheront généralement d'appliquer jamais ce système sur de grandes étendues.

Un chemin de fer peut être construit uniquement pour le transport des voyageurs ; mais il faut que ce transport soit très-considérable : ce qui ne peut avoir lieu que dans des localités particulières, telles que les abords d'une grande ville, de Paris, de Londres, par exemple. Encore, dans ce cas, faut-il que la ville secondaire qu'on veut joindre à la métropole en soit séparée par une distance suffisante : car, le chemin de fer ne pouvant guères aboutir qu'à l'entrée de la capitale, chaque voyageur avant de parvenir jusqu'à lui, devra parcourir, à pied ou en voiture, à ses frais, une certaine distance, inconvénient que lui évitent les voitures ordinaires qui pénètrent dans l'intérieur. Si cette distance parcourue en sus est une portion sensible de la distance totale, il s'ensuivra une perte de temps et une gêne qui nuira au chemin de fer. Ce défaut de ne pas pénétrer dans les villes nuit même aux chemins de Liverpool à Manchester et de Saint-Étienne à Lyon, quoique la plus grande partie de leurs voyageurs soient transportés jusqu'à 12 ou 15 lieues de la capitale. A Liverpool, la compagnie a entrepris sous la ville un nouveau percement dans le but de porter des voyageurs au centre de la ville. A Lyon, le chemin de fer établira sur le quai qui borde le Rhône une ligne qui pénétrera jusqu'au centre de la ville, pour y prendre les voyageurs.

CHAPITRE IV.

Des grandes lignes de chemins de fer.

Dans l'origine, les chemins de fer étaient bornés à des longueurs de 3 à 4 mille mètres, destinés à joindre des exploitations de houille à des canaux ou à des rivières. Plus tard, on agrandit leur échelle d'exécution, et on appliqua ce nouveau moyen au transport des voyageurs et de toute espèce de marchandises entre des points assez éloignés. Ainsi, le chemin de Liverpool a 50 kilomètres de développement, celui de Saint-Étienne à Lyon 58 à 60, celui d'Andrezieux à Roanne 65. L'achèvement de ces grands travaux, et le succès populaire du chemin de Liverpool, ont amené à concevoir l'idée hardie que ce mode de communication pourrait être étendu avec avantage à des distances beaucoup plus grandes, et qu'il établirait ainsi une facilité et une promptitude inouïe pour les relations commerciales entre des centres d'industrie très-éloignés. Dans ce but, des fonds spéciaux ont été votés par les Chambres pour l'étude de

grandes lignes de chemins de fer, s'étendant en
France, du Havre à Marseille, de Nantes à
Strasbourg, de Lille à Bordeaux. La grandeur
de ces projets est telle qu'en les supposant
réalisés, il est impossible de prévoir toutes les
modifications qu'en pourra éprouver l'avenir
de l'industrie française. Mais il est cependant
possible de fixer quelques points de la question,
et leur détermination pourra être utile, pour
apprécier les avantages réels de ces nouvelles
artères de la civilisation.

Une commission spéciale d'ingénieurs des
ponts et chaussées a été chargée de faire les
études locales nécessaires pour déterminer le
tracé de ces grandes lignes projetées : mais on
peut dire que ces études locales ne sont pas d'une
grande importance. Depuis plusieurs années,
des projets de canaux ont été étudiés dans toutes
les parties de la France, et pour les chemins de
fer comme pour les canaux, le tracé doit
être établi suivant les pentes les plus douces.
Les documens qui se trouvent dans les cartons
de l'administration suffiront donc pour étudier
le tracé des chemins de fer et en dresser le
devis approximatif. Avec les cartes de Cas-
sini, quelques côtes de nivellement connues
depuis long-temps dans chaque localité, et la
connaissance des principes généraux qui font
trouver sur les cartes les lignes de moindre

pente, pour passer d'une vallée dans une autre, tout le travail préparatoire de la commission pourrait s'exécuter à Paris. On sera con-
vaincu de la vérité de cette assertion, lorsqu'on
saura que le projet du canal de Paris à Strasbourg, ainsi établi avec les cartes, n'a différé
qu'à peine du projet régulier dressé d'après des
opérations rigoureuses sur le terrain, et cependant ce projet montait à plus de 65 millions.

La véritable question à étudier, c'est la question commerciale, et l'utilité plus ou moins
probable des grandes lignes proposées.

Le transport des grosses marchandises
éprouvera - t - il une diminution sensible par
l'établissement de lignes de chemins de fer
ainsi développées? on peut en douter, lorsque
le chemin de fer devra lutter contre une rivière,
ou contre un canal à peu d'écluses, tels que sont
ceux établis parallèlement aux cours des rivières. Ainsi prenons pour exemple Marseille et
Lyon. La pente du Rhône n'est que $\frac{1}{2}$ millimètre par mètre en moyenne. Un canal latéral
n'aurait donc qu'une écluse de $2^m.5o$ de chute
par distance de 5,000 mètres. Sur un canal
semblable, tracé presque en droite ligne, puisque la vallée du Rhône est assez large, on
emploiera facilement les chevaux pour le halage des bateaux. Aussi le halage des grosses marchandises reviendrait à $\frac{1}{2}$ centime par

tonne, tandis qu'il coûterait au moins 1 centime $\frac{1}{2}$ par les chemins de fer établis dans les mêmes circonstaces. Ainsi, avec les autres frais, le tarif perçu sur le canal pourrait ne pas dépasser 4 centimes, tandis qu'il devrait être au moins de 6 à 7 centimes sur le chemin de fer. Du Havre à Paris, la pente de la Seine est bien plus faible. Elle n'est que de 24 ^{m}. 70 répartis sur 365 kil. Les transports par eau, entre ces deux villes, reviennent environ à 4 centimes par tonne, et par kilomètre. Il est évident qu'un chemin de fer lutterait avec peine contre ce prix, que réduiraient encore quelques rectifications, quelques perfectionnemens qui auront lieu certainement avant quelques années.

Il en est tout autrement pour le transport des denrées coloniales, des étoffes, et en général de toutes les marchandises qui sont assez précieuses sous un poids donné, pour pouvoir payer les frais qu'entraîne un transport rapide. La vitesse est surtout précieuse pour le transport des hommes occupés, des commerçans, qui apprécient mieux que personne la perte de leur temps, puisqu'ils l'évaluent en argent. Ainsi l'avantage principal des grandes lignes de chemins de fer consiste dans l'économie de temps produite par la célérité du transport, et cet avantage est encore immense.

Mais, sous ce point de vue, l'établissement

de ces nouvelles lignes ne peut présenter de
suite des résultats importans qu'autant qu'il
existera déjà entre les deux points extrêmes,
ou entre eux et les points intermédiaires, un
mouvement considérable de marchandises précieuses et une grande circulation journalière de
voyageurs. Tels sont par exemple Paris, Rouen
et le Havre. Aller plus loin, commencer de suite
des lignes immenses, telles que celles de Paris
à Bordeaux, à Lyon, à Strasbourg, me sem-
blerait une hardiesse inutile ; car l'on ne peut
prévoir facilement quel sera l'effet d'aussi
grandes lignes, ni juger si les frais de leur établissement seront compensés par le développement des relations commerciales qu'elles pourront exciter entre des villes, qui sont déjà par
elles-mêmes les centres indépendans d'une
énorme consommation.

Ces grandes lignes présenteront des difficultés
importantes pour y maintenir la régularité du
service, cette condition vitale du succès de ce
genre d'entreprises. Chaque point intermédiaire devant faire ses expéditions séparément,
il faudra, s'il n'y a que deux voies, que les heures de départ soient fixées d'avance, pour éviter toute rencontre de convois venant d'un
point éloigné avec le convoi partant du point
intermédiaire, et allant moins vite ; ou bien il
faudra s'astreindre à une vitesse presque égale

de transport pour les marchandises et les voyageurs, ce qui entraînerait des frais très-considérables. En établissant deux voies pour les transports des voyageurs, et deux pour les transports de marchandises, on remédierait à cet inconvénient ; mais alors la dépense de premier établissement serait doublée.

Chaque ville intermédiaire recevant et expédiant dans les deux directions, il faudra que les emplacemens destinés aux chargemens et déchargemens soient assez étendus pour éviter les encombremens. Si l'on se propose d'employer principalement les machines locomotives comme moteurs, ces lieux de chargement et de déchargement devront présenter des doubles et triples voies assez développées ; car il faudra une extrême facilité pour que les machines puissent quitter un convoi, en reprendre un autre, changer de voie sans qu'il en résulte aucun embarras. A Liverpool, le point de chargement du chemin de fer présente quatre voies, qui s'étendent jusqu'à 5 kilomètres, et ces quatre voies évitent, à l'arrivée et au départ, tout encombrement dans la circulation du chemin de fer, qui se réduit ensuite à deux voies sur le reste de la ligne.

Cette difficulté des mouvemens dans les points de chargement est un grand désavan-

tage des chemins de fer. Au chemin de Saint-
Etienne à Lyon, on éprouve beaucoup de
peine à maintenir un service régulier, sur une
longueur de quinze lieues, avec trois points
de déchargement intermédiaires. D'après cela,
on peut se figurer quelle sera la difficulté de
gouverner d'une de ses extrémités, l'ensemble
du service d'une ligne de 120 lieues : on peut
concevoir l'attention qui devra être prise pour
qu'il n'y ait pas d'erreur dans les stationnemens
et la surveillance qui sera nécessaire pour que
la ligne soit toujours parfaitement libre, et
que tout accident soit relevé rapidement. Si
l'on considère que, sur une ligne ordinaire
de quelques lieues, un seul convoi arrêté
peut retarder les expéditions de toute une journée, on concevra les soins tout particuliers
qu'exigera le service d'un chemin de fer extrêmement étendu, pour empêcher la multiplication de ces causes de retard.

Comme il n'existe jusqu'à ce jour aucun
exemple de ces grandes lignes en activité,
comme leur établissement exigera d'immenses
capitaux, il convient de rapprocher autant
que possible le premier essai des exemples
qui existent aujourd'hui, au lieu de se jeter de
suite dans des constructions dont l'utilité peut
ne pas être immédiate. En suivant toujours le

même principe de faciliter les moyens de communication, entre le foyer de production et le foyer de consommation qu'il alimente, le premier essai devrait se faire entre Rouen et Paris, avec une prolongation sur le Havre et sur Dieppe.

La distance de Rouen à Paris est de 30 lieues: c'est le double des plus grands chemins de fer soumis jusqu'ici à une seule administration. Sur la route qui unit ces deux villes, il existe déjà vingt diligences en activité chaque jour, et, de plus, en adoptant le tracé le plus facile, par Pontoise et Gisors, il se trouve peu de points intermédiaires importans sur la route : ce qui donnerait une facilité de plus pour le service. On pourrait songer de même à diriger un chemin sur Orléans ; mais ici, la masse des transports serait très-probablement moins considérable que sur Rouen.

On peut se demander en général quel sera le mode employé pour l'exécution de ces grands travaux. S'astreindra-t-on à trouver des compagnies qui s'engagent à les exécuter moyennant un tarif à leurs risques et périls, ou adoptera-t-on plutôt un autre système dans lequel le gouvernement allouerait une subvention pour une portion des frais de l'entreprise. Ce dernier mode semble le seul possible à adopter. Car il est des circonstances où l'établissement d'une voie de communication est nécessaire, et où on ne peut cependant en espérer des résultats assez productifs dans les commencemens, pour payer un intérêt raisonnable des capitaux jetés dans l'entreprise. Alors il faut que l'état prenne l'initiative, et que la nation contribue elle-même à ces grandes créations : car elle sera assez payée de ses avances par la plus-value générale qui en résultera pour son développement commercial. Ainsi le canal du Centre, qui n'a jamais rapporté qu'un intérêt minime de son capital primitif d'établissement, a augmenté dans une proportion prodigieuse les relations commerciales du nord et du midi de la France. Il a de plus décuplé la valeur de la partie du Charolais qu'il traverse, et l'on peut remarquer à ce sujet que les riverains profitent beaucoup plus d'un canal que d'un chemin de fer. Sur un canal un peu large, tout endroit peut servir de port, et un bateau arrêté pour un chargement ou un déchargement local n'arrête pas la circulation. Sur un chemin de fer, il faut des points spéciaux pour le stationnement des waggons, et rien ne serait plus absurde que l'idée de concevoir le service abandonné à la libre volonté du public. De là résulte que les propriétaires du terrain parcouru par un canal devraient contribuer en toute justice à son établissement, mais que ce même principe ne pourrait s'appliquer aux chemins de fer. Car ceux-ci ne profitent qu'à leurs extrémités ou aux points spéciaux qui présentent un développement commercial assez fort pour mériter un point de chargement.

CHAPITRE V.

De l'application des machines locomotives aux routes ordinaires.

Nous dirons quelques mots des essais tentés en Angleterre pour employer les machines locomotives sur les routes ordinaires; car on a avancé dans le public l'opinion hasardée que ces essais pourraient nuire aux chemins de fer existans; on a même prétendu qu'ils donneraient un moyen tellement avantageux de traîner de lourds fardeaux sur les routes, qu'on devait renoncer désormais à la construction de nouveaux chemins de fer.

Jusqu'ici les essais tentés avec les machines locomotives sur les routes ont été faits sur des routes parfaitement entretenues, sur les routes de Londres, à Brigton, à Bath, à Birmingham, véritables allées de jardin, où la boue est soigneusement enlevée par les cantonniers, et remplacée par un lit de cailloux concassés de dimension régulière. De semblables routes aux nôtres, il y a loin. Celles-ci n'ont qu'une chaussée pavée à surface peu unie, et leurs accottemens non empierrés sont en hiver sillonnés par les ornières comme un champ labouré. Qu'on se rappelle les précautions nécessaires sur les chemins de fer pour assurer un mouvement régulier des machines locomotives, pour prévenir toute secousse qui dérange le jeu de l'appareil. Peut-on penser raisonnablement que ces machines puissent être jamais employées avec succès sur nos routes sans que celles-ci subissent de grandes modifications?

Jusqu'ici, en Angleterre comme en France, les routes ordinaires présentent des pentes de 4 à 5 centimètres et plus. Nous avons vu que sur les chemins de fer les machines locomotives perdent une portion sensible de leur avantage sur les chevaux, dès que la pente s'élève à 10 ou 12 millimètres par mètre. Agiront-elles avec plus d'avantage que les chevaux sur des portions de routes qui présentent des pentes quatre à cinq fois plus rapides? Evidemment, non.

Il y a plus, supposons qu'on perfectionne assez ces machines, qu'on réduise assez leur poids, et leur dépense de combustible, pour qu'elles puissent être employées avec

succès sur nos routes ordinaires ; il n'en sera
pas moins constant que la machine perfection-
née produira un effet beaucoup plus considérable sur un chemin de fer à pentes soigneusement réglées. Car la résistance totale qu'elle
aura à vaincre, dans l'un et dans l'autre cas,
se composera de la résistance produite par la
pente, plus de la résistance produite par le
frottement. La résistance qui provient de la
pente peut être égale de part et d'autre, si
la route est aussi bien tracée que le chemin de
fer ; mais, quant à celle qui résulte du frottement, nous avons vu plus haut que les résistances dues à cette cause sur une route ordinaire en bon état, et sur un chemin de fer, sont
entre elles comme 6,60 : 1. Ainsi, l'effet utile
de la machine sera près de sept fois plus considérable sur le chemin de fer que sur la route.

Mais les routes ne sont pas toujours en bon
état. Si elles sont pavées, ce pavé se tasse inégalement. Si elles sont empierrées, elles doivent être souvent rechargées de cailloux qui
opposent une résistance très-énergique, tant
qu'ils ne sont pas parfaitement broyés. Aussi,
suivant les ingénieurs anglais, la résistance
moyenne opposée à la traction sur leurs routes
à la *macadam* doit s'évaluer à douze fois la valeur de la résistance opposée sur un chemin de
fer, et, conséquemment, d'après cette évalua-

tion , les machines locomotives ne produiraient sur les routes ordinaires que le $\frac{1}{12}$ de l'effet qu'elles peuvent produire sur un chemin de fer.

Cependant il peut se présenter des cas où l'adoption des machines locomotives sur une route ordinaire offrira un avantage réel sur l'emploi des chevaux. Cet avantage tient à ce que les roues des voitures rapides fatiguent généralement moins les routes que les pieds des chevaux qui les conduisent ; résultat pratique, qui a été constaté en Angleterre dans l'enquête tenue devant la chambre des communes , pour fixer le tarif que doivent payer aux compagnies fermières des routes ordinaires (*turnpike roads*) les machines locomotives qui s'essaient sur ces routes.

Cette enquête a prouvé qu'en représentant par 100 la quantité totale de détérioration occasionée par une diligence marchant à dix milles à l'heure, cette quantité totale pourrait être ainsi divisée :

Changemens atmosphériques.	20
Roues.	20
Pieds des chevaux.	60
Total. . .	100

Ainsi, les réparations nécessitées par le creusement des pieds des chevaux sont beaucoup plus considérables que celles nécessitées par la friction des roues de la voiture qu'ils entraînent, et conséquemment le passage d'une diligence à vapeur, qui n'agit que par ses roues, endommagera moins la route que la circulation d'une diligence ordinaire. On doit même observer que les diligences à vapeur doivent être munies de roues à jantes assez larges pour avoir une adhésion suffisante contre le sol de la route : car c'est cette adhésion qui permet à la machine de se mouvoir en avant. Ces jantes sont cylindriques, et ont 18 à 24 centimètres de large. De semblables roues détérioreraient encore moins les routes que celles des diligences ordinaires, dont la jante est sensiblement moins large.

Conséquemment, en supposant une route bien entretenue, à pentes très-douces, et dans une localité où le charbon fût à bon marché, il y aurait un avantage sensible à substituer la machine à vapeur mobile aux chevaux. Mais il est vrai que ces diverses circonstances ne se rencontrent pas souvent réunies dans notre pays.

Dans une position semblable à celle que nous venons d'indiquer, il pourrait arriver que la masse de transports entre deux points commerciaux ne fût pas assez considérable pour payer les frais d'établissement d'un chemin de fer. L'adoption des machines locomotives sur la route ordinaire présenterait donc un terme moyen, qui pourrait apporter déjà une économie sensible dans le prix des transports, sans nécessiter le déboursé d'un capital considérable pour les frais de premier établissement du nouveau moyen de circulation ; mais aussi, cette économie serait bien au-dessous de l'économie produite par la confection d'un chemin de fer.

En général, nous ne pouvons que répéter ici ce que nous avons déjà avancé dans plusieurs endroits de ce petit traité. Lorsqu'on se propose de faciliter, par un nouveau mode de communication, les relations de deux villes ou de deux centres de commerce, il faut examiner la nature du terrain, les quantités de transports actuels, l'augmentation qu'on peut espérer, ainsi que la concurrence que peuvent opposer les intérêts rivaux. C'est cet examen seul qui peut décider du mode de communication qui doit le mieux convenir à la localité particulière qu'on étudie.

NOTES.

◆

NOTE A.

*Produit du chemin de fer de Liverpool à Manchester
pendant le premier semestre de 1833.*

Je joindrai ici un extrait du dernier compte rendu
aux actionnaires du chemin de fer de Liverpool à
Manchester. Cet extrait pourra être utile en-offrant
la situation exacte de cette belle entreprise, que l'o-
pinion publique a placée à la tête de tous les chemins
de fer livrés jusqu'ici à la circulation.

Transport du premier semestre de 1833.

Tonnes de 1000 kil.

Marchandises...	68.284 transportées sur toute la longueur de la ligne.
id.	28.773 transportées sur une portion de la ligne.
Charbon de terre.	36.886 transporté à Liverpool.
id.	4.489 transporté à Manchester.
Total du tonnage.	138.432 tonnes.

Nombre de voyageurs inscrits aux bureaux de
la compagnie. 171.421

23*

Nombre de voyages exécutés par les machines avec les
marchandises et la houille. 2.244
Nombre de voyages exécutés avec les voyageurs. . . 3.262

Total. . . 5.5o6

Recettes du semestre.

Voyageurs. 1.1o3.271 fr.
Marchandises. 982.546
Charbon de terre. 65 970

Total. . . 2.151.787 fr.

Dépenses du semestre.

1 Frais relatifs au transport des marchandises et
charbon. . . . . 353.246 fr.
2 Frais relatifs au transport des voyageurs. . . . 163.836
3 Menus frais de déchargemens. 3.020
4 Machines locomotives. 367.895
5 Entretien de la ligne et frais d'administration
générale. 238.001
6 Droits et impositions. 62.325
7 Intérêts des emprunts contractés pour achever
le chemin. 134.189

Total. . . 1.322.512 fr.

La recette est de. 2.151.787 fr.
La dépense de. . 1.322.512

Reste. . . 829.275 fr.

En ajoutant à cette somme 17,325 fr. restés en caisse
du semestre précédent, on a un total de 846,6oo fr.,
sur lesquels les directeurs ont délivré un dividende
de 1o5 fr. 25 c. par action de 2.5oo fr. Ce dividende

représente 4, 2 $\frac{0}{0}$ pour un semestre, ou 8, 4 $\frac{0}{0}$ pour l'année.

La compagnie ne réserve sur ses produits aucun fonds, comme amortissement des emprunts qui ont dû être contractés pour achever la ligne, les dépenses ayant passé les premiers devis. Ce manque d'amortissement tient principalement à ce que le gouvernement s'est réservé tous les bénéfices qui dépasseraient 10 $\frac{0}{0}$ du capital primitif, et qui ne seraient pas employés en améliorations et perfectionnemens du chemin. Il suit de là que la compagnie n'a point d'intérêt à rembourser ses emprunts.

Détail des dépenses.

Sommes.

1.260 f. 00 c. Avis et circulaires.

4.425   00   Mauvaises créances.

145.877   50   Diligences.   *Sous-détails de cet article.*

Conducteurs et chargeurs.	28.755 f. 00 c.
Service du transport des paquets et des omnibus, dans les villes.	10.047 50
Achat de matériaux pour réparations.	9.594 00
Ouvriers employés aux réparations.	18.962 00
Gaz, huile, graisse, câbles.	8.105 00
Droit sur les voyageurs, un peu plus de 5 $\frac{1}{2}\frac{0}{0}$ de la recette. . . .	61.669 00

		Dépenses diverses et fixes.	5.917	5o
		Impôts sur les bureaux et stations.	2.827	5o
		Total. . .	145.877	5o
214.494	55	Transports de marchandises et charbon de terre. *Sous-détails de cet article.*		
		Agents et commis.	42.596 fr.	85 c.
		Chargeurs et conducteurs au frein, chevaux (probablement pour les points de chargement.)	117.186	95
		Gaz, huile, graisse, câbles.	16.206	35
		Réparations des bureaux.	10.141	25
		Dépenses fixes et diverses.	8.411	25
		Impôts , assurance sur les bureaux et stations. . . .	19.952	o5
		Total. . .	214.494	70
3.020	oo	Frais pour le déchargement du charbon.		
61.520	oo	Camionage à Manchester.		
6.3oo	oo	Frais d'avis et autres.		
950	oo	Remboursemens aux voyageurs.		
25.847	5o	Remboursemens pour déchets dans les transports.		

17.020 00 Bureau des diligences. *Sous-détails.*

        Agens principaux et

          commis. 14,449 00

        Loyers et imposi-

          tions. 2.571 00

                Total. . . 17.020 00

11.095 00 Ingénieurs.

134.189 00 Compte d'intérêt des emprunts.

367.895 00 Machines locomotives.

         Sous-détails de cet article.

        Achat et transport

          du coke. 69.880 00

        Chargeurs de coke

          et fourniture d'eau

          aux machines. . . 8.470 40

        Gaz, huile, graisse,

          chanvre pour les

          pistons. 19.019 00

        Tubes eu cuivre, en

          laiton, fers et

          chaudière. . . . 82.260 00

        Ouvriers employés

          aux réparations. . 102.875 80

        Machinistes et chauf-

          feurs. 22.305 00

        Réparations aux ma-

          chines hors des

          ateliers. 23 584 80

        Achat de deux nou-

          velles machines. 39.500 00

               Total. . . 367.895 00

167.865　00　Entretien de la ligne.　　*Détails.*

　　　　　　　　　　　Cantonniers. . . . 91.222　00
　　　　　　　　　　　Dés et chairs. . . . 51.313　00
　　　　　　　　　　　Remblai et déblai
　　　　　　　　　　　　pour remplace-
　　　　　　　　　　　　ment de dés. . . 25.330　00
　　　　　　　　　　　　　　　　　　　　―――――――
　　　　　　　　　　　Total. . . 167.865　00

18.621　00　Bureau central.　　*Détails.*

　　　　　　　　　　　Appointemens. . . 15.624　00
　　　　　　　　　　　Loyers et imposi-
　　　　　　　　　　　　tions. . . . . . 1.573　00
　　　　　　　　　　　Dépenses fixes. . . 1.423　00
　　　　　　　　　　　　　　　　　　　　―――――――
　　　　　　　　　　　Total. . . 18,620　00

23.750　00　Surveillans et employés sur la ligne.
　1.750　00　Menues dépenses.
15.047　75　Locations diverses.
　7.400　00　Réparations aux maçonneries.
21.486　00　Machines stationnaires pour le
　　　　　　　　service du Tunnel.

　　　　　　　　　　　Charbon. . . . . . 3.875　00
　　　　　　　　　　　Machinistes et répa-
　　　　　　　　　　　　rations. . . . . 9.085　00
　　　　　　　　　　　Gaz, huile, graisse. 8 526　00
　　　　　　　　　　　　　　　　　　　　―――――――
　　　　　　　　　　　Total. . . 21.486　00

47.275　70　Impositions et taxes.

25.015　00 Réparations des waggons.

Forge et menuiserie.	14.955	00
Fers et bois. . . .	8.001	25
Cordages et peintu-		
res.	2.058	75
Total. . .	25.015	00

450　00 Camionage dans l'intérieur de Liverpool.

1.322.512　00 Total comme ci-dessus.

Dans le tableau suivant, les directeurs ont divisé les dépenses en frais relatifs à chaque nature de transport.

Il en résulte que le transport d'une tonne de marchandises, de Liverpool à Manchester, et réciproquement (distance de 50 kilomètres), coûte à la compagnie 0 fr. 186 par kilomètre. On voit de même par ce tableau que le transport d'un voyageur sur la même distance coûte à la compagnie 0 fr. 07 par kilomètre.

Division des dépenses en frais relatifs

	PAR VOYAGEUR.	PAR TONNE de marchandises transportée sur la ligne entière.	PAR TONNE de charbon trans-
Marchandises — chargement, conducteurs, taxe des pauvres, assurance, machines stationnaires, camionage.		4 f. 50 c.	
Diligences — chargement, conducteur, réparations, droit sur les voyageurs.	0 f. 925 c.		
Camionage du charbon.			0 c
Machines locomotives — achat de deux nouvelles machines, réparations des machines, gages des ouvriers, charbon, coke.	1 25	1 925	
Diverses dépenses — entretien du chemin, surveillans, gardes, administration générale.	0 705	1 20	0 1
Droits et impôts, intérêts des emprunts, principales locations. . .	0 67	0 875	0 2
Dépenses.	3 550	8 50	0 4
Profit net.	2 87	3 80	1 0
Recette brute.	6 42	12 30	1 5

à chaque nature de transport.

de marchandise allant ou venant de Bolton.	DILIGENCES.	MARCHANDISES sur touto la ligne.	CHARBON.	MARCHANDISES rendues ou expédiées de Bolton.	TOTAUX.
22		348.911		4.335	353:246
	163.836				163.836
			3.020		3.020
	217.957	149.938			367.895
75	122.028	93.004	7.297	15.672	238.001
13	114.836	69.332	10.661	1.685	196.514
10					1.322.512
35					829.275
45					2.151.787

NOTE B.

Prix du transport des terrassemens opéré au moyen de chemins de fer.

Les bandes s'établissent sur le déblai déjà exécuté : elles sont réunies par des traverses plus ou moins espacées, selon que la charge doit être portée sur de petits ou de grands chariots.

Chaque petit chariot est formé d'une caisse qui ressemble à un cône tronqué renversé, et peut contenir de $\frac{1}{4}$ à $\frac{1}{3}$ de mètre cube. Cette caisse porte sur deux essieux, dont les roues n'ont qu'un pied de diamètre, et les essieux eux-mêmes sont réduits a 2 centimètres $\frac{1}{2}$ au collet qui porte la boîte. Les roues sont coulées d'une seule pièce. Tout l'espace entre le moyeu et la jante est coulé plein sur une épaisseur d'un centimètre au plus, avec quatre ou cinq ouvertures ménagées pour diminuer la matière. Ces petites roues pleines présentent plus de solidité que si elles avaient des rayons, le moyeu n'étant pas divisé, comme dans les roues des grands chariots. Quelquefois la caisse tourne sur un axe de rotation en bois, qui porte sur un cadre interposé entre la caisse et les essieux. Cette disposition donne une beaucoup plus grande facilité pour les déchargemens. La caisse s'ouvre à l'avant, au moyen d'un compartiment mobile, de sorte qu'une fois le chariot incliné, la terre glisse et se vide aisément.

L'on peut employer à bras ces petits chariots jusqu'à 100 mètres de l'atelier, pourvu que la pose provisoire ait une faible pente dans le sens du transport; ce qu'il est toujours facile de ménager. Lorsque les chariots sont à bascule, le prix du transport revient à 4 centimes par mètre cube et par 100 mètres. Lorsqu'ils sont à caisse fixe, ils ne peuvent tenir plus de ¼ de mètre cube, parce qu'il faut les soulever pour les décharger. Alors le prix du transport s'élève à 6 centimes par mètre cube, transporté à 100 mètres. Les hommes qui poussent les petits chariots déchargent eux-mêmes. Quant au prix du chargement et du régalage, il dépend de la nature des terres, comme dans la manière ordinaire d'opérer.

Lorsque la distance du transport passe cent mètres, il convient de se servir des waggons de déblai (fig. 25), que nous avons décrits page 51, et qui peuvent tenir 1 mètre cube 60 environ. Avec ces waggons, en terrain horizontal, un cheval peut faire dans sa journée douze à quatorze voyages de 1,000 mètres, chaque voyage comprenant l'allée et le retour : ce qui produit environ 20 mètres cubes portés à 1,000 mètres, et coûte 5 fr., prix de la journée du cheval et de son conducteur. Le prix du transport d'un mètre cube à 1,000 mètres de distance revient donc à 0 fr. 25 c.

Le mètre cube de terre pesant 2 en moyenne, le prix par kilomètre et par tonne reviendrait à 12 c. 5, prix presque triple de celui que nous avons donné pour les transports exécutés avec les chevaux sur un chemin de fer horizontal, lorsqu'ils doivent revenir à vide ; mais il faut considérer qu'alors le chemin est bien préparé, tandis qu'il s'agit ici de remblais nouveaux où le cheval marche dans la terre sans cailloutis, ayant à vaincre souvent des pentes accidentelles très-fortes produites par des tassemens. De plus, souvent la chaussée est assez étroite, de sorte que des tombereaux ordinaires se trouveraient dans l'impossibilité presque absolue de tourner.

A ces prix de transport il faut ajouter le prix des chariots, leur graissage et leur entretien; mais cet article est de peu d'importance.

Les petits chariots simples coûtent. . . . . 100 fr.
Les petits chariots à bascule. . . . . 120 à 125 f.
Les grands chariots à bascule. 450

La charpente de ceux-ci est moins forte que celle des waggons à charbon, et ils ont beaucoup moins de ferrure, ce qui explique la différence de leur prix avec celui de ces waggons.

Il se casse assez de roues dans le trajet sur les remblais qui sont mal tassés, et où les chariots éprouvent des chocs fréquens. Souvent même, il faut les faire sortir de la voie pour les passer sur une autre. De même les caisses à bascule se brisent assez vite, ainsi que les chaînes d'attache; aussi doit-on porter les frais de réparation des petits chariots à 50 fr. par an, et ceux des grands waggons à 200 fr., ce qui fait par jour, 0 fr. 17 et 0 fr. 66. Le graissage des grands waggons revient à 3 sous par jour, soit 15 c., et celui des petits est le $\frac{1}{4}$ environ du prix précédent, ou 4 c. Ainsi les frais de chaque jour seraient :

Petit chariot. 0.21
Grand chariot. 0.81

En supposant 12,000 mètres parcourus en allant et venant par l'un et l'autre, on aura 0 fr. 0017 par chaque voyage du petit chariot à 100 mètres, ou 0 fr. 0060 en moyenne par mètre cube transporté à 100 mètres. Pour chaque voyage à 1,000 mètres du grand chariot, on aura 0 fr. 068, soit pour un mètre cube 0 fr. 04.

Le prix définitif pour les petits chariots sera donc de 4 c. 6 à 6 c. 6 par mètre cube porté à 100 mètres.

Le prix définitif pour les grands chariots sera de 29 cent. par mètre cube porté à 1,000 mètres.

Dans les ponts et chaussées on évalue à 7 c. $\frac{1}{2}$ le transport d'un mètre cube par brouette, à un relai de 30 mètres, ce qui fait 24 c. pour 100 mètres. Avec les tombereaux à des distances de 3 à 400 cent mètres sur des remblais, les transports iraient au moins à 12 c. par 100 mètres, soit 1 fr. 20 c. par 1,000 mètres. On conçoit donc toute l'économie de l'emploi des rails pour les terrassemens, et à ce sujet il serait fortement à désirer que chaque chef-lieu de département eût en dépôt un équipage portatif de 200 rails, avec les chairs, les traverses, et quelques chariots. Cet équipage coûterait environ 8,000 fr., et permettrait d'exécuter avec économie et promptitude des travaux qui ne s'achèvent que lentement et à grands frais par les procédés ordinaires.

On a fait une application semblable des chemins de fer au transport des terres, pour le creusement du nouveau lit de la Loire, au pont de Roanne.

NOTE C.

Prix d'un croisement ou tournevoie, pour passer d'une voie à une autre, la longueur totale du croisement étant de 40 mètres.

	fr.	c.
Deux cœurs en fonte pesant avec leurs chairs 408 kil. à 40 fr. les 100 kil.	163	20
Deux pierres pour lesdits cœurs, ensemble 12 pieds courans à 1 fr. l'un.	12	00
Façon et scellement des cœurs sur la pierre à 4 fr. l'un.	8	00
Pose à 1 fr. l'un.	2	00
Pour un cœur 92 fr. 61, pour deux.	185	21
Deux bouts de rails opposés au cœur, 1 m. 50 chaque, à 13⅓ kil. le mètre 40 kil. à 35.	14	00
Quatre chairs et traverses en bois, en place. . . .	6	00
Total. . .	20	00
Deux contre-aiguilles en fonte pesant avec les chairs 212 kil. à 40 fr. les 100 kil.	84	80
Deux pierres pour lesdites, ensemble 9 pieds 4 pouces de long, à un fr. l'un.	9	33
Scellement sur la pierre à 4 fr. l'une.	8	00
Pose à 1 fr. l'une.	2	00
Pour une contre-aiguille 52.065; pour deux. . . .	104	13
Deux aiguilles en fer avec boulons et clavettes, 39 kil. à 1 fr.	39	00
Six chairs en fonte pour lesdites; 36 kil. à 40 fr. les 100 kil.	14	40

Scellement à 4 fr. l'une. 8 00
Deux pierres ensemble, 9 pieds 4 pouces, à 1 fr. l'un. 9 33
Pose de deux pierres. 2 00

Pour une aiguille, 36.36, pour deux. 72 73

Récapitulation.

Deux cœurs. 185 21
Deux contre-rails. 20 00
Deux contre-aiguilles. 104 13
Deux aiguilles. 72 73
Quarante mètres de rails mis en place, à 14.5 le
    mètre de voie. 580 00

Total. . . 962 f. 07 c.

FIN.

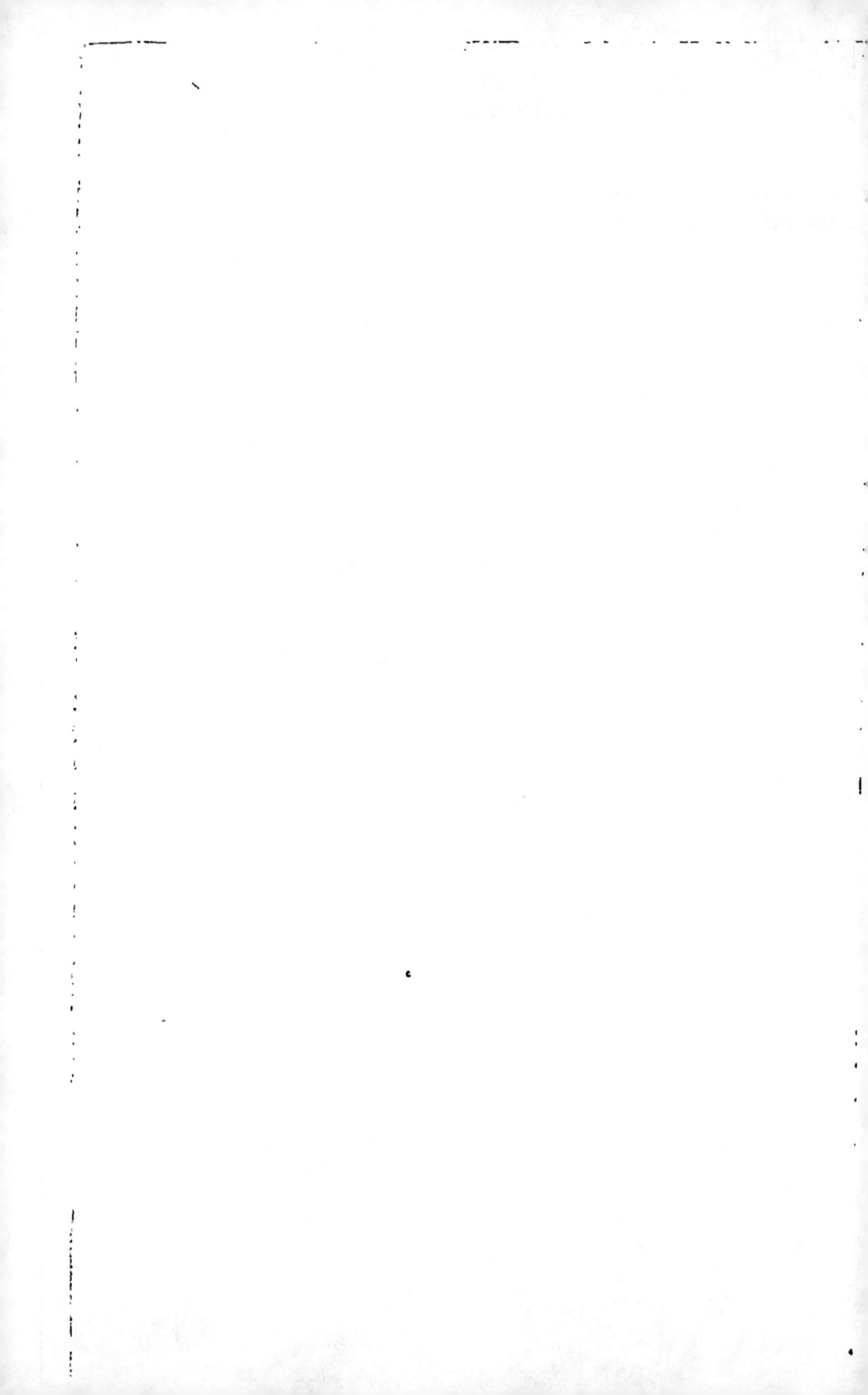

TABLE DES MATIERES.

CHAPITRE II.

*Des chariots destinés au transport sur les chemins de fer
ou waggons.*

CHAPITRE III.

Croisemens et changemens de voie.

CHAPITRE IV.

Des moyens de chargement et de déchargement.

CHAPITRE V.

*Des diverses résistances opposées à la traction sur un
chemin de fer.*

SECTION II.

DES DIFFÉRENS MOTEURS EMPLOYÉS SUR LES CHEMINS DE FER.

CHAPITRE Ier.

Des chevaux.

CHAPITRE IV.

Des machines locomotives.

TROISIÈME SECTION.

CONSIDÉRATIONS GÉNÉRALES SUR LES CHEMINS DE FER.

CHAPITRE Iᵉʳ.

*Des conditions générales du tracé des chemins de fer,
du prix de leur établissement et de leur entretien.*

CHAPITRE II.

*Comparaison des divers moyens de transport pour les
marchandises.*

CHAPITRE III.

*Du service des voyageurs et des marchandises précieuses
sur les chemins de fer.*

CHAPITRE IV.

Des grandes lignes de chemins de fer.

CHAPITRE V.

*De l'application des machines locomotives aux routes
ordinaires.*

NOTES.

FIN DE LA TABLE.

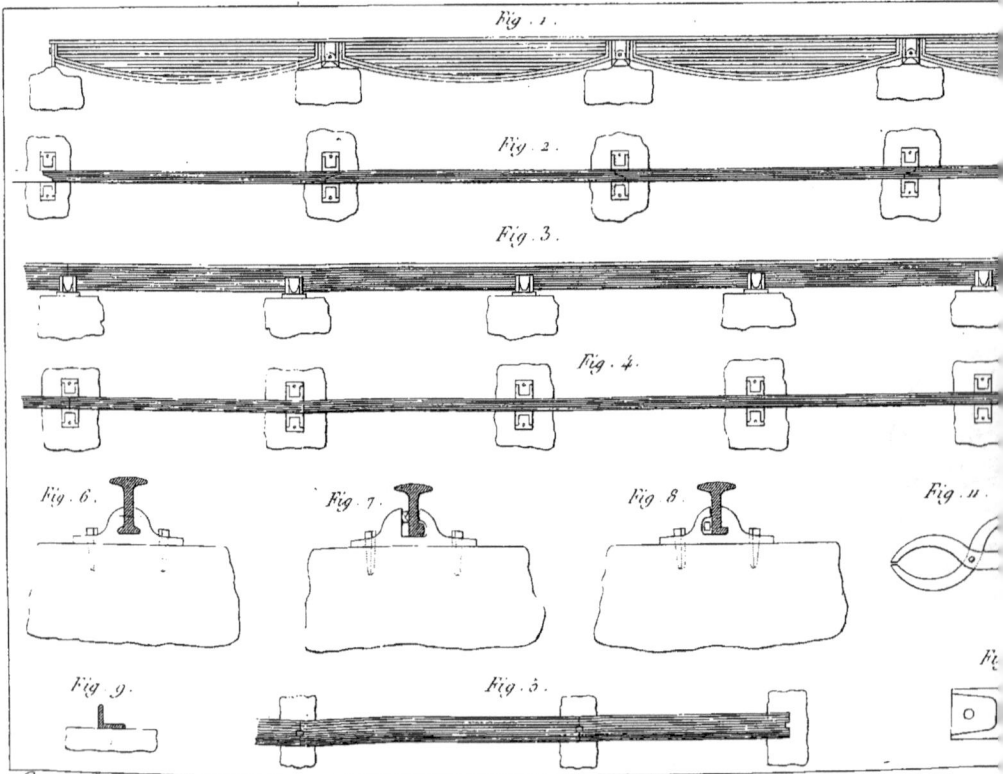

Fig. 1.

Fig. 2.

Fig. 3.

Fig. 4.

Fig. 6. Fig. 7. Fig. 8. Fig. 11.

Fig. 9. Fig. 5. Fig.

Guiguet Sculp

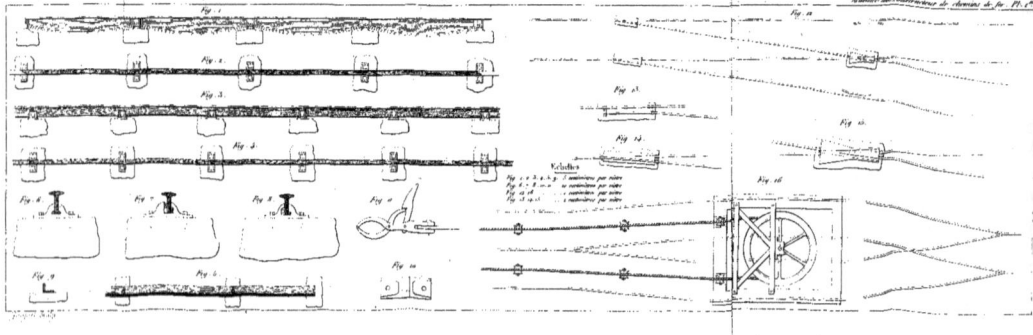

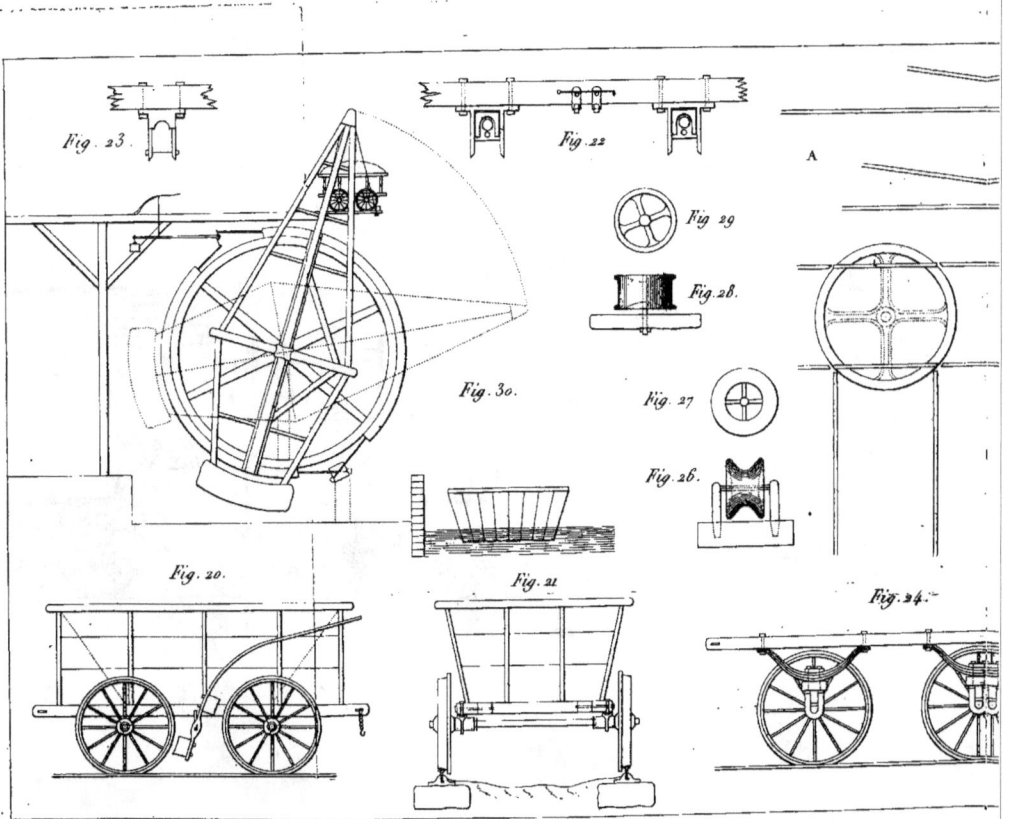

Fig. 23.

Fig. 22.

A

Fig. 29

Fig. 28.

Fig. 30.

Fig. 27

Fig. 26.

Fig. 20.

Fig. 21.

Fig. 24.

Guiguet, Sculp.

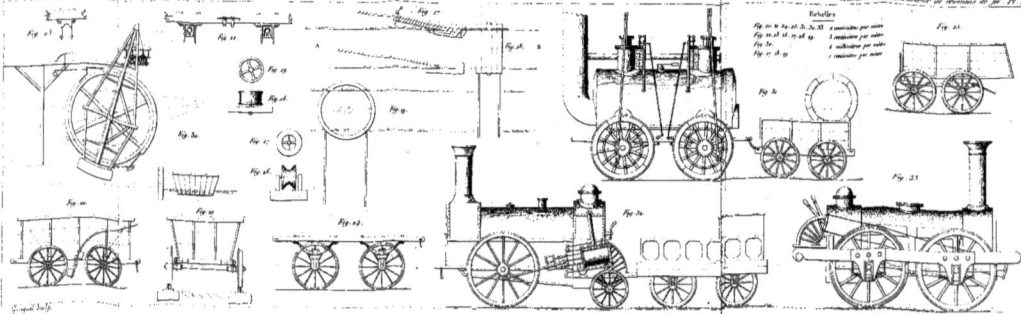

Echelles

Fig. 5.

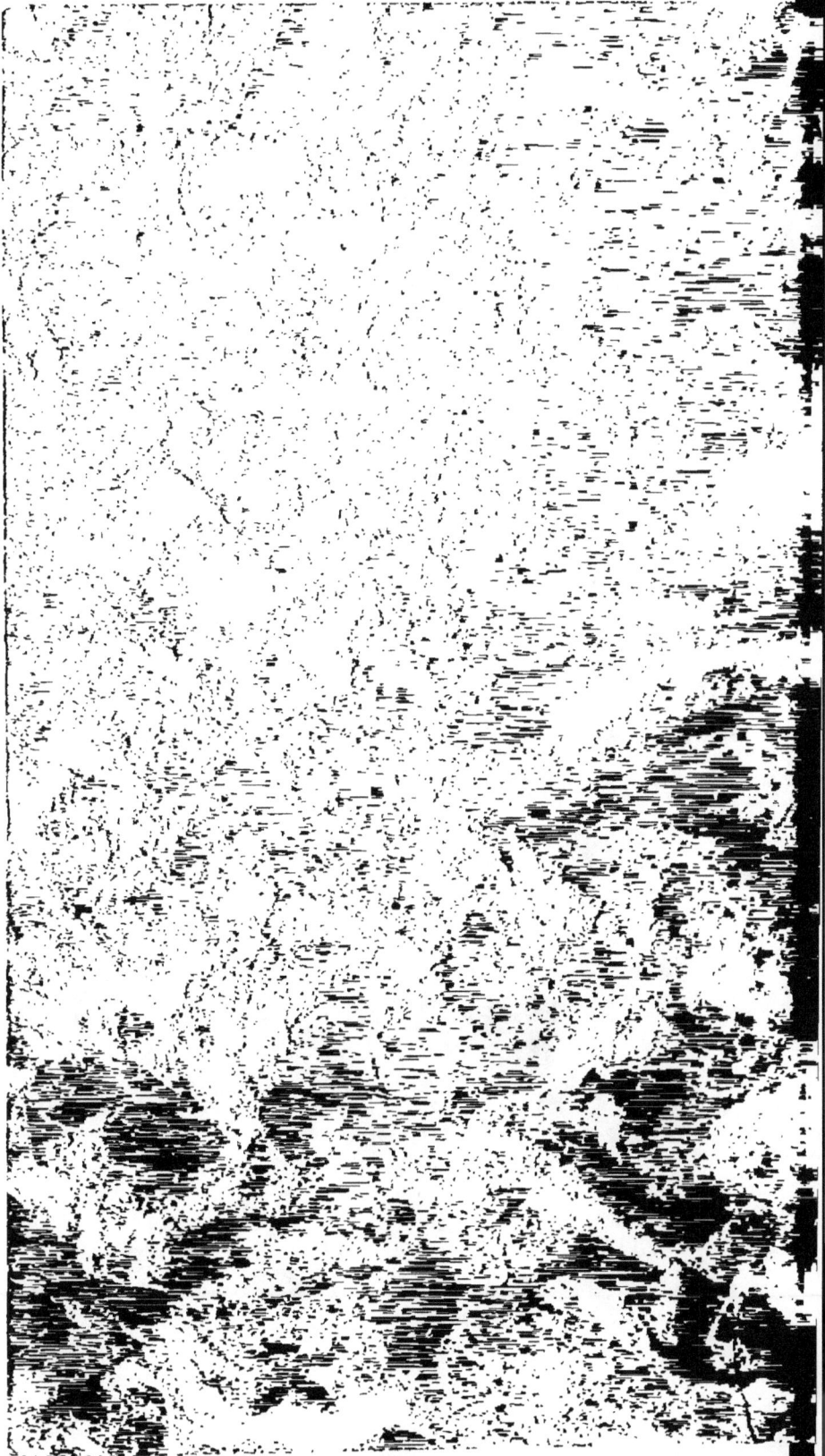